bene! gutes leben

DER SOMMER WAR SEHR GROSS

ANGELINA & KILIAN FRANZEN

HERBSTTAG

Herr, es ist Zeit. Der Sommer war sehr groß.
Leg deinen Schatten auf die Sonnenuhren,
und auf den Fluren laß die Winde los.

Befiehl den letzten Früchten voll zu sein;
gib ihnen noch zwei südlichere Tage,
dränge sie zur Vollendung hin und jage
die letzte Süße in den schweren Wein.

Wer jetzt kein Haus hat, baut sich keines mehr.
Wer jetzt allein ist, wird es lange bleiben,
wird wachen, lesen, lange Briefe schreiben
und wird in den Alleen hin und her
unruhig wandern, wenn die Blätter treiben.

Rainer Maria Rilke

INHALT

PROLOG 9

TEIL I – DAS ERBE 13
»Der Papa ist tot« 15
Wendezeit 36
Zeit zu reifen 44

TEIL II – NEUE WEGE 77
Katastrophen 86
Neue Wege 93
Wo ist Bruce Willis,
wenn man ihn mal braucht? 105
Ausbau 111
Wenn, dann jetzt 117
Der Kreislauf des Lebens 125
Alles anders 132
Blockiert 135
Mamaglück 137
Moselochsen 148
Lebenszeiten 155
Kaputtgefroren 163
Wo ist der Opa? 168
Liebeserklärung an den Wein 172
Wieder Pionierarbeit 174
Ausgezeichnet 178

EPILOG 184

PROLOG

Langsam fährt die kleine Bahn den Weinberg hinauf. Ulrich Franzen und seine Frau Iris freuen sich darauf, den Sonntagabend an ihrem Lieblingsplatz, ganz oben im Berg, zu verbringen. Es ist Juni, ein früher Sommerabend, und eine frische Brise streift durch die Weinstöcke. Die kleine Bahn muss ordentlich schuften, um das Winzerehepaar samt Last den Hang hinaufzubekommen. Schließlich ist es nicht irgendeine Steigung, die sie zu bewältigen hat, sondern die des steilsten Weinbergs Europas. Hinten in dem kleinen Stauraum, in dem normalerweise Werkzeuge oder Weinbergpfähle den Berg hinauf- und hinuntertransportiert werden, steht heute ein Picknickkorb, in dem sich die Reste vom Mittagessen, etwas Brot und – natürlich – eine Flasche Wein befinden.

Zwanzig Minuten dauert die Fahrt den Calmont hinauf. Als sie oben ankommen, steigen sie aus und gehen die letzten Schritte zu Fuß. Hier oben ist der Ort, an den sie sich zurückziehen, wenn sie nachdenken oder – so wie heute – einfach Zeit miteinander verbringen möchten.

»Uli«, wie er von allen genannt wird, liebt den einzigartigen Ausblick auf die Mosel, der sich ihm hier bietet. In fünfter Generation betreibt er das Weingut. Auch die Generationen vor ihm haben schon an diesem Ort gestanden. Hier fühlt er sich ihnen nahe.

Langsam greift er zum Wein, öffnet die Flasche und gießt zwei Gläser ein. Er lässt sich Zeit. Das ist nicht der Ort für Hektik. Er genießt es, den Wein im Glas langsam zu schwenken, genau zu begutachten, wie sich die Sonnenstrahlen des endenden Tages in ihm brechen. Es ist sein eigener Wein, hier gewachsen, in den Hängen des Calmont. Während er ihn ansieht, erinnert er sich an die Jahre harter Arbeit, die nötig waren, um die Hänge wieder für den Weinbau zu erschließen. Ausgelacht haben sie ihn. Gesagt: »Das wird doch eh nichts. Der Anbau in den steilen Hängen ist viel zu aufwendig.« Aber er hat an seinem Vorhaben festgehalten. Konnte sich einfach nicht damit abfinden, die Hänge, die seine Vorfahren viele Jahrzehnte beackert hatten, brachliegen und verwildern zu sehen.

Vier Jahre harte Arbeit hat es ihn gekostet: das Roden, Umgraben, neu Anpflanzen. Und es hat sich gelohnt: Heute wächst hier ein ganz besonderer Tropfen. Uli kann sich nicht gegen den leichten Anflug von Stolz wehren, der sich bei dem Gedanken an das Geleistete in ihm breitmacht.

Einige andere Winzer sind später seinem Beispiel gefolgt. Heute ist der Calmont, der steilste Weinberg Europas, bekannt für den ausgezeichneten Riesling, der hier wächst.

Uli lächelt, während er mit Iris anstößt. Sie sprechen nicht viel. Das ist nicht nötig, beide wissen auch so, was der andere denkt.

Bis vor wenigen Stunden war ihr Sohn mit seiner Freundin zu Besuch. Die beiden studieren Weinbau in Geisenheim und schicken sich an, später einmal in ihre Fußstapfen zu treten. Für Uli und Iris würde ein Traum in Erfüllung gehen, wenn es so käme. Die nächste Generation, die die Tradition fortführt. Doch noch ist es nicht so weit, und Uli hütet sich, die beiden zu irgendetwas zu drängen. Sie sollen selbst entscheiden, was sie mit ihrem Leben anfangen wollen.

Er selbst hat es nie bereut, diesen Weg gegangen zu sein. Hier, im beschaulichen Örtchen Bremm, direkt am Calmont, an der wunderschönen Mosel. Zufrieden lässt er den Blick schweifen: über die Weinberge, das Moselknie mit den bewirtschafteten Flächen auf der Insel in der Mitte und die steilen Hänge drumherum. Uli ist glücklich an diesem Abend, zwei Wochen vor seinem Tod.

TEIL I
DAS ERBE

»DER PAPA IST TOT«

ANGELINA Ich erinnere mich noch an den Anruf, als sei es gestern gewesen. Ich bin gerade dabei, das Bad zu putzen – es war in der ersten eigenen Wohnung, die Kilian und ich bezogen hatten, während wir beide in Geisenheim Weinbau studierten –, als ich das Klingeln höre, mir das Telefon schnappe und die Nummer von Kilians Mutter auf dem Display sehe. Sie ruft regelmäßig an, um zu fragen, wie es uns geht, also denke ich mir nichts dabei, als ich sie fröhlich begrüße. Doch schon wenige Augenblicke später merke ich, dass es diesmal kein netter Plausch werden wird. Iris ist völlig außer Atem, ihre Stimme klingt zitterig, überschlägt sich, sie weint: »Angelina ... es ist ... ein Unfall ... Kilians Papa hatte einen Unfall ... Ihr müsst kommen, beide, sofort!« Dann legt sie auf. Mir gehen tausend Gedanken durch den Kopf: Was heißt Unfall? Ist Uli verletzt? Wie schlimm ist es? Was ist überhaupt passiert? Sofort versuche ich, Kilian auf dem Handy zu erreichen. Mir ist klar, dass es schwierig werden wird, da er gerade Vorlesung hat.

»Der Teilnehmer ist vorübergehend nicht erreichbar.« Klar! Er hat das Handy ausgeschaltet. Hektisch wähle ich die Nummer eines gemeinsamen Kommilitonen, Philipp. Der müsste ebenfalls in der Vorlesung sitzen. Aber auch der geht nicht ran. Vielleicht Julia? Diesmal habe ich Glück. »Hi Angelina, ich kann grad nicht, bin in der Vorlesung«, höre ich die Freundin flüstern und habe Angst, dass sie wieder auflegt, bevor ich etwas sagen kann. *Bitte bleib dran.* »Ist Kilian bei dir? Es ist wichtig.« Einen Moment ist es still, dann sagt sie: »Er sitzt drei Plätze weiter. Ist etwas passiert?«

»Kilians Papa hatte einen Unfall. Ich komme Kilian jetzt holen. Er soll rauskommen. Sag ihm das, bitte. Wir fahren zu ihm nach Hause.«

Auf dem Parkplatz vor der Fachhochschule lasse ich den Motor laufen, während ich auf Kilian warte. Als er einsteigt, fragt er sofort: »Was ist los?« Ich bin unsicher, was ich sagen soll. So genau weiß ich es ja selbst nicht. »Deine Mama hat angerufen. Dein Papa hatte einen Unfall. Mehr weiß ich auch nicht.« Kilian reicht das nicht: »Was ist passiert? Ist er verletzt? Was ist passiert?« Ich versuche, ruhig zu bleiben: »Kilian, ich weiß es nicht. Ich weiß nur, dass wir so schnell wie möglich nach Hause müssen.«

Normalerweise brauchen wir mit dem Auto für die 130 Kilometer von Geisenheim nach Bremm etwa 90 Minuten. Dieses Mal dauert die Fahrt kaum eine Stunde. Ich fahre, so schnell ich kann. Als könnten wir das Unglück dadurch eindämmen. Während der Fahrt sprechen wir kein Wort. Mein Herz klopft mir bis zum Hals. Die Zeit scheint wie eingefroren, wir stecken fest zwischen Bangen und Hoffen. Die Stille ist erdrückend. Ich schalte das Radio ein, um ihr etwas entgegenzusetzen, nehme aber kaum wahr, was aus den Boxen kommt. Bis ein Sprecher die regionalen Kurznachrichten liest: »Ulrich Franzen, Steillagenwinzer im Bremmer Calmont, ist tragisch verun...« Schnell schalte ich das Radio aus und schiele zu Kilian hinüber. Hat er etwas gehört? Ich will noch nicht wissen, was passiert ist. Zumindest nicht so. Und schon gar nicht will ich, dass Kilian die Einzelheiten aus dem Radio erfährt. Der tut zumindest so, als habe er nichts bemerkt. Solange wir nichts Endgültiges wissen, besteht Hoffnung. Daran klammern wir uns. Die Schlimmste aller Möglichkeiten sprechen wir nicht aus.

Kurz vor Bremm ist eine Durchfahrt gesperrt, der Verkehr staut sich. Ich brettere kurzerhand über den Grünstreifen an der Schlange der Wartenden vorbei. Endlich sind wir da. Als wir am heimischen Gut vorfahren, ist der Hof bereits voller Menschen: Nachbarn, Freunde, Verwandte, der halbe Ort. Viele mit Tränen in den Augen. Als wir aussteigen, ruhen alle Blicke auf uns, doch niemand spricht uns an. Rasch gehen wir in Richtung Haustür. Schweigend bilden die Menschen eine Gasse für uns.

Drinnen wartet die Familie: Onkel Horst, der Bruder von Kilians Mama; Maximilian, Kilians 18 Jahre alter

Bruder; Verena, seine 20 Jahre alte Schwester – und Iris, Kilians Mutter. Sie sitzt auf der Eckbank am Tisch. Ihre Wangen sind tränenüberströmt, als sie zu uns aufsieht und uns schluchzend das letzte bisschen Hoffnung nimmt: »Der Papa ist tot.«

*

KILIAN Nachdem wir die anderen begrüßt, uns umarmt und erste Tränen vergossen haben, sitzen wir gemeinsam am Esstisch. Mama berichtet von dem, was sie über das Unglück weiß. Die Nachbarn haben es berichtet: Papa wollte Pflanzenschutzmittel in einer der Flachlagen, beim alten Kloster, ausbringen. Als er mit dem Traktor über einen Erdhügel fahren wollte, geriet das Gefährt in Schräglage und kippte zur Seite. Papa ist genau auf einen Rebstock gefallen, der sich in sein Herz gebohrt hat. Als die Nachbarn bei ihm sind, ist es schon zu spät.

Papa war so ein erfahrener Weinbauer. Er hat in den Steilhängen des Calmont gearbeitet, jahrelang, ohne sich auch nur einmal ernsthaft zu verletzen. Und jetzt das. Beim Pflanzenschutzmittel-Ausbringen in einer der Flachlagen. Es klingt derart absurd, wenn es nicht so schlimm wäre.

Auch wenn wir selbst völlig fertig sind, versuchen wir, Mama zu trösten. Uns ist klar, dass es lange dauern wird, bis sie diesen Schicksalsschlag überwunden haben wird.

Gestern Morgen hat Papa noch da drüben auf seiner Bank gesessen, die Zeitung gelesen und mit Mama übers heiße

Wetter gesprochen. Auf der Spüle steht noch die Tasse, aus der er am Morgen getrunken hat, da hinten liegt sein alter Pulli, den er oft zum Arbeiten im Weinberg trug, auf dem Schrank steht die Legofigur, die er mir mal für eine gute Note geschenkt hat. Fast ist es, als ob er gleich zur Tür reinkäme und sagt: »War alles nur ein Irrtum, mir geht's gut!«

Aber er kommt nicht.

Niemand mag jetzt darüber sprechen. Immer wieder setzen wir an, etwas zu sagen, geraten ins Stocken, schauen uns hilflos an.

Irgendwann merke ich, dass ich jetzt einen Moment für mich allein brauche. Ich schleiche mich in mein altes Zimmer, setze mich aufs Bett, vergrabe das Gesicht in meinen Händen und versuche, das Unfassbare zu begreifen: Papa ist nicht mehr da! Tausend Bilder gehen mir durch den Kopf: Papa im Weinberg, mit seiner Arbeitshose, der sonnengegerbten und braun gebrannten Haut, dem konzentrierten Blick, mit dem er sich an den Pflanzen zu schaffen macht. Papa, als er mir zum ersten Mal erklärt, wie man Reben schneidet. Papa abends am Küchentisch, wie er nach getaner Arbeit die Arme auf der Tischplatte faltet, den Kopf ablegt und einfach einschläft. Papa, wie er freudestrahlend unterm Weihnachtsbaum steht, neben ihm eines seiner gigantischen Legobauwerke, die er immer zur Bescherung für uns vorbereitet hat.

Plötzlich merke ich, wie Angelina neben mir sitzt. Ich habe gar nicht mitbekommen, wie sie hereingekommen ist. Ich nehme ihre Hand, und wir schweigen zusammen. Es gibt Dinge, für die es keine Worte braucht!

Als wir am nächsten Morgen aufstehen und ich aus dem Fenster blicke, sieht es so aus, als habe sich nichts geändert. Das Leben im Dorf geht seinen gewohnten Gang: Winzer, die zur Arbeit in die Weinfelder fahren, der Eiermann, der alle paar Meter in den Straßen hält und an den Haustüren schellt, ob jemand etwas haben möchte, eine alte Katze, die von ihrer nächtlichen Tour nach Hause streicht, und der Zeitungsjunge, der die Briefkästen abklappert.

Nur bei uns ist nichts mehr, wie es war.

Während wir in der Küche darüber sprechen, wann wohl der Leichnam freigegeben wird – bei einem solchen Unglück muss dieser erst obduziert werden, hat man uns erklärt – und die Beerdigung stattfinden kann, klingelt immer wieder das Telefon. Die Nachricht von Papas Tod hat sich noch am Abend wie ein Lauffeuer herumgesprochen, im Ort, entlang der Mosel und in der gesamten Weinfachwelt. Nachbarn rufen an, um sich zu erkundigen, wie es uns geht, andere sprechen uns einfach ihr Beileid aus, Journalisten bitten um Daten für die Nachrufe, die sie schreiben wollen. So geht es noch lange Zeit. Es ist bewegend, die Anteilnahme zu erleben. So viele Menschen, die ihn kannten, so viele Menschen, die ihn vermissen.

Während langsam das erste Begreifen einsetzt, taucht mitten in der Trauer eine Frage auf, die noch niemand auszusprechen wagt: Wie soll es jetzt weitergehen? Mit dem Weingut? Mit der Mutter und der Großmutter, die davon leben? Heute, morgen und in den nächsten Wochen? Die Lese, die Abfüllung, die Kundenanfragen – die Arbeit steht ja nicht still. Was jetzt?

Doch Hilfe ist schon unterwegs. Zumindest für den Anfang. Während wir zusammensitzen, öffnet sich die Haustür. Onkel Karl-Heinz und Onkel Jürgen, Papas Brüder, treten ein. Verstohlen schauen sie auf den Boden, dann zu Mama. Onkel Jürgen räuspert sich: »Der Karl-Heinz und ich würden jetzt rauffahren und uns um alles kümmern. Na ja, der Schlepper und der Hänger. Das kann ja nicht da liegen bleiben. Und der Pflanzenschutz muss ja noch fertig ausgebracht werden. Da müssen wir uns beeilen, bevor der nächste Regen kommt, sonst wäscht der alles wieder weg. Wir haben die Lagen zwischen uns aufgeteilt und fahren jetzt los.« Und schon sind sie wieder verschwunden.

Es ist, als hätten sie mit ihrem Besuch eine Lawine der Hilfsbereitschaft losgetreten: Immer mehr befreundete Winzer tauchen plötzlich auf, um uns zu helfen. Auch ihre Frauen kommen mit. Während wir noch sprachlos am Küchentisch sitzen, breitet sich auf dem Hof eine emsige Geschäftigkeit aus: Gemeinsam beratschlagen die Helfer, was zu tun ist, holen sich die Werkzeuge aus der Halle und legen los.

Der Zusammenhalt der Menschen im Ort ist riesig. Eigentlich weiß man das, und doch überwältigt es einen immer wieder. Alle packen mit an, ohne groß darüber zu reden. Die Frage ist nicht, ob man hilft. Die Frage ist nur, was zu tun ist. Und weil herumsitzen es auch nicht besser macht, schließe ich mich ihnen an. Irgendwie muss es gehen.

Das Wichtigste ist die Arbeit im Weinberg selbst: Es geht auf den Sommer zu, und in wenigen Wochen steht die Lese an. Laubarbeiten und Schädlingsbekämpfung stehen auf der

Prioritätenliste ganz oben. Die Trauben können nicht warten. Wenn wir das nicht rasch erledigen, verlieren wir die Ernte. Das wäre das wirtschaftliche Aus für das elterliche Weingut.

*

ANGELINA In den nächsten Tagen wird uns eines klar: Wir können in dieser Situation nicht einfach wieder zurück an die Uni fahren und die Familie hier alleine lassen. Auch wenn für die ersten Tage genug Helfer da sind, muss jemand den Überblick behalten und sie koordinieren. Und auch anschließend, wenn die Helfer zu ihren eigenen Höfen und Arbeitsstellen zurückgekehrt sind, muss es weitergehen. Da sind Kilian und ich uns einig. Deswegen informieren wir zunächst die Hochschule in Geisenheim, dass wir auf dem heimatlichen Gut gebraucht werden und erst einmal nicht kommen können – auch wenn wichtige Vorlesungen und Klausuren anstehen. Zum Glück zeigt man dort Mitgefühl und hat vollstes Verständnis für unsere Situation. Man sagt uns zu, dass wir die Prüfungen nachholen oder Ersatzleistungen für die verpassten Klausuren erbringen können. Das zu hören und zu merken, auch hier gibt es durchaus eine Perspektive, erleichtert uns schon mal sehr.

Als Erstes müssen wir uns einen Überblick verschaffen, was überhaupt zu tun ist. Nicht dass wir das Weingut nicht gut kennen würden. Kilian hat – bis auf die vergangenen eineinhalb Jahre in Geisenheim – sein gesamtes Leben hier verbracht, und selbst in dieser Zeit war er regelmäßig zu Besuch. Immer haben wir beide hier mitgearbeitet: nach der Schule, in den Ferien, später nach der Arbeit oder im Urlaub. Aber es ist ein gewaltiger Unterschied, ob man als Helfer mit anpackt oder ob man plötzlich selbst alles koordinieren muss.

Eine der größten Schwierigkeiten besteht darin, die Arbeitsabläufe von Kilians Papa zu durchschauen. Uli war, wie soll man es sagen, schon immer ein wenig chaotisch. Meistens hat er den Tagesablauf gestaltet, ohne vorher einen genauen Plan zu haben. Er hat einfach immer das erledigt, was gerade am Dringendsten war.

Als wir durch die Hallen gehen, stehen da Gitterboxen, Maschinen, Etiketten, leere Weinflaschen, Stöße von Bestellformularen; nagelneue Kartons, die mit Weinflaschen gefüllt und verschickt werden wollen, Tanks, von denen wir nicht wissen, was sich darin befindet … Uli hatte diese Dinge im Kopf – er hatte anscheinend alles irgendwie im Kopf. Was hätte er jetzt als Nächstes gemacht? Es gibt keinen Arbeitsplan, auf dem man nachsehen könnte, keinen Mitarbeiter, den man fragen könnte. Abgesehen von gelegentlichen Saisonarbeitern und der Unterstützung durch die Familienmitglieder hat er alles alleine erledigt.

Wo sollen wir nur anfangen? Es fühlt sich an, als stünden wir vor einem riesigen Berg.

Wir beginnen mit den offenen Kundenbestellungen. Doch in dem Regal, in dem die vollen Weinflaschen gelagert werden, liegen weit weniger, als wir bräuchten, um den eingegangenen Bestellungen nachzukommen. Hat Uli etwa den gesamten Rest schon verkauft? Das kann nicht sein. Es dauert eine Weile, bis wir begreifen, wo das Problem liegt: Uli hat vom aktuellen Jahrgang noch nicht alles in Flaschen gefüllt. Der Wein lagert noch im Keller im Fass. Und auch vom 2008er-Jahrgang ist längst noch nicht alles abgefüllt.

»Das Abfüllen wollte er als Nächstes erledigen, glaube ich«, sagt auch meine Schwiegermutter Iris.

Wir brauchen dringend Nachschub, sonst laufen wir Gefahr, Bestellungen nicht erfüllen zu können. Wenigstens wissen wir jetzt, wo wir anfangen müssen. Während Freunde sich um das Abfüllen kümmern und die Flaschen mit Etiketten bekleben, werfen Kilian und ich einen Blick ins Büro, in der Hoffnung, hier schnell einen Überblick zu bekommen. Doch es ist vollgestopft mit Unterlagen, Materialien, Kisten, Lesestoff, Ordnern. Und alles ist viel zu eng. Berge von Papier türmen sich auf. Ich schlage vor, das Büro direkt in einen größeren Raum zu verlegen und dabei alle Unterlagen zu sichten und zu ordnen. Denn in dem alten Zimmerchen ist nicht mal genug Platz, um die ganzen Sachen übersichtlich auszubreiten.

Außerdem müssen die Kunden informiert werden, was gerade bei uns los ist. Darum kümmert sich Iris. Schweren Herzens verfasst sie einen Rundbrief, in dem sie von Ulis schrecklichem Tod berichtet. Am Nachmittag geht das Schreiben raus. Die Anteilnahme, die uns daraufhin erreicht, ist überwältigend. Einige fragen, ob sie etwas für uns tun können, andere bestellen viel mehr als üblich, einfach, weil sie uns unterstützen möchten. Wieder merken wir, wie gut uns der Zuspruch der Menschen aus dem Umfeld tut. Ob von den Nachbarn, den Freunden oder den Kunden – es macht uns Mut, die Ärmel hochzukrempeln und anzupacken.

Es gibt Menschen, die erst mal Ruhe brauchen und für sich sein müssen, wenn ihr Leben plötzlich kopfsteht. Anderen hilft es, wenn sie sich ablenken und ihr Leben, so gut es eben geht, weiterführen können. So ist es bei uns. Die viele Arbeit, vor der wir nun stehen, hilft uns, das Chaos im Inneren zu ordnen. Wenigstens empfinde ich es so. Und ich glaube, Kilian geht es ähnlich, auch wenn er über solche Dinge nicht groß spricht.

*

KILIAN Um die Weinberge selbst müssen wir uns erst einmal nicht kümmern, die haben die Helfer im Griff. Sie bringen auch den Schmalspurschlepper zurück, in dem Papa gestorben ist. Es wird lange dauern, bis es wieder jemand über sich bringen wird, ihn zu benutzen. Ich selbst werde nie wieder damit fahren.

In den folgenden Tagen arbeite ich mich durch die Unterlagen aus dem Büro. Angelinas Idee, alles in einen anderen Raum zu bringen, war gut. Überhaupt hat sie ein großes Talent, wenn es darum geht, Dinge zu strukturieren. Nach und nach sortieren wir die Papiere, blättern in den Ordnern und sichten die Mails.

Was uns große Sorgen macht, ist der Wein im Keller. Den hat bislang immer Uli im Blick gehabt. Müssen wir damit nun direkt etwas tun? Und worauf müssen wir dann achten? Das Risiko, hier durch einen kleinen Fehler großen Schaden anzurichten, ist enorm. Eigentlich wäre es gut, direkt einen Kellermeister einzustellen. Auch im Hinblick auf die kommende Ernte.

Ein Kellermeister ist für die Verarbeitung der Trauben und den Gärungsprozess zuständig. Ein Spezialist, der genau weiß, was wann wichtig ist, damit der Wein besonders gut wird. Wenigstens am Anfang einen Fachmann an der Seite zu haben, damit wir uns auf die Kunden und die Arbeit im Weinberg konzentrieren können, würde uns sicher helfen. Doch wir wagen es nicht, jemanden zu engagieren. Noch ist die Lage einfach zu unübersichtlich – auch in finanzieller Hinsicht –, um derart weitreichende Entscheidungen zu fällen.

*

ANGELINA Den Vormittag verbringe ich damit, den Weinkeller zu schrubben. Als ich gerade damit beginnen will, die Wände mit einem Dampfstrahler abzubrausen, höre ich hinter mir ein entsetztes »Nein«. Ich schalte das Gerät ab und drehe mich um, um zu schauen, wer um alles in der Welt etwas dagegen haben könnte, dass die Wände gereinigt werden. Es ist mein Bruder Benny.

Benny ist 23 Jahre alt und hat gerade seine Ausbildung zum Weinbautechniker abgeschlossen. Eigentlich sollte er in der Schweiz sein, wo er gerade einen Vertrag für seine erste richtige Stelle unterschrieben hat. »Was machst du denn hier?«, frage ich ihn überrascht und falle ihm gleichzeitig um den Hals. Nachdem er sich aus meiner Umarmung befreit hat, lächelt er mich an. »Angelina, bitte versprich mir, niemals diese Wände zu reinigen. Da hängen wichtige Kulturen dran, die der Wein braucht, um zu gären.« Auf der Schale der reifen Beeren gibt es ein meist eine Vielzahl sogenannter wilder Hefen. Und auch im Weinkeller des Winzers bestehen solche Kulturen, die es dann für die Gärung braucht. »Oh, das wusste ich nicht.«

Zum Glück ist Benny gerade noch rechtzeitig gekommen. Als ich ihn frage, warum er nun hier bei uns und nicht in der Schweiz ist, kann ich es kaum glauben: Er hat die Stelle mit dem wirklich guten Vertrag geschmissen, nur um uns zu helfen! Wir bräuchten ihn jetzt dringender – wie man ja gerade erst gesehen habe. Er lächelt frech, als er das sagt.

Und auf einen Schlag hat sich das Problem mit dem fehlenden Kellermeister gelöst. Als ich ihm gerade wieder um den Hals fallen will, hält er mich zurück. »Lass mal gut sein, Schwesterherz! Sag mir lieber, was zu tun ist.«

*

KILIAN Dutzende helfende Hände ermöglichen uns in diesen ersten Tagen und Wochen, das Weingut am Leben zu erhalten. Inmitten von all dem Chaos und der Traurigkeit, die uns immer wieder einholen, beginnt plötzlich so etwas wie eine kleine Pflanze der Hoffnung zu wachsen. Noch ist sie nicht sehr groß, aber langsam gräbt sie ihre Wurzeln immer tiefer. Der Berg, vor dem wir vor wenigen Tagen standen, ist nicht mehr ganz so hoch.

Wir wissen immer noch nicht, wie es jetzt weitergeht, wie wir das mit dem Hof und Mama und unserem Studium alles machen wollen. Aber wir merken: Das wird schon. Wir werden das packen. Zusammen.

Ich könnte es mir nicht verzeihen, wenn das Weingut nach Paps Tod verkauft oder sogar zugrunde gehen würde. Nicht nur, weil ich hier aufgewachsen bin, sondern auch, weil es das Vermächtnis meiner Familie ist, die hier schon seit vielen Generationen Wein anbaut. Und auch, weil es Papas Lebenswerk ist. Er hat wirklich Großes für den Moselwein geleistet, als er damals angefangen hat, den Calmont, der jahrzehntelang einfach brachlag, wieder zu rekultivieren.

Der Niedergang des Calmont-Weines

Der Calmont ist der steilste Weinberg Europas. Vielleicht sogar der steilste Weinberg der Erde. Der gewaltige Höhenzug liegt – blickt man moselabwärts – auf der linken Seite des Flusses. Steil ragt der zehn Millionen Jahre alte Fels in die Höhe, 360 Meter, mit einer Hangneigung von bis zu 65 Grad. Ein paar Grad mehr, und die Wand des Calmont, auf der Grenze zwischen den beiden Dörfchen Bremm und Ediger-Eller, stünde senkrecht. Der Berg ist ein knochiger, harter Haufen aus rotem Schiefer, Quarzit und Grauwacke – eine schroffe Oberfläche, die optisch an die versteinerte Rinde eines uralten Baumes erinnert. An vielen Stellen ragen die scharfen Kanten des felsigen Untergrundes durch die dünne Erdschicht, die den Berg bedeckt. Lebensfreundlich wirkt er nicht. Und doch ist er fester Bestandteil der Region, der Menschen und ihres Lebens hier.

Die beiden möglichen Herleitungen des Namens des Calmont könnten die Ambivalenz seines Charakters nicht besser spiegeln. Aus der lateinischen Herleitung mit den Ursprüngen »calidus« und »mons« ergibt sich die Bezeichnung »warmer Berg«. Die Herleitung aus dem Keltischen mit dem Ursprungswort »kal« führt zur Bezeichnung »Felsenberg« oder »kahler Berg«.

Weder seine harte Schale noch die abenteuerliche Felsarchitektur haben die Menschen davon abhalten können, den Calmont zu erobern, sich ihn gefügig zu machen und für ihre Zwecke zu nutzen. Einige literarische Quellen belegen, dass bereits im 6. Jahrhundert Wein auf ihm angebaut wurde. Die ersten archäologischen Nachweise stammen aus dem 11. Jahrhundert.

Der Weinbau ist mit der Geschichte des Calmont untrennbar verbunden. Die besonderen Bedingungen, die er Winzern bietet, machen ihn zu einem einzigartigen Anbaugebiet: Der Berg steht im idealen Winkel zur Sonne, und der dunkle Schieferboden reflektiert die Wärme zurück auf die Gewächse. Hier können die Trauben schnell und intensiv reifen, was zu einem hohen Zuckergehalt führt. Die steile Lage, der karge, charaktervolle Boden und die hochwertigen Rieslingreben verleihen dem Calmont-Wein eine einmalige Note von Mineralität und Spannkraft.

Der Weinbau ist in der Alltagskultur der Menschen der Region viele Jahrhunderte fest verankert.

Während heute nur wenige Spezialisten die Geheimnisse des Weinanbaus beherrschen, war das hier bis zum Ende des 19. Jahrhunderts anders. So selbstverständlich, wie die Bewohner der damals armen Dörfer Bremm und Ediger-Eller sich in den Gärten und den Feldern Gemüse heranzogen, um den Speiseplan abwechslungsreicher zu gestalten, bauten sie sich auch ihren eigenen Wein in den Steilhängen an. Nahezu jede Familie besaß eine kleine Parzelle im Calmont, mit der sie ihren Eigenbedarf an Wein gedeckt hat.

Lange waren die Weine, die an der Mosel wuchsen, in der Welt beliebt und gehörten zu den hochwertigsten Weißweinen überhaupt. Noch zu Beginn des 20. Jahrhunderts trank man Moselweine an den europäischen Königshöfen von London bis St. Petersburg. Restaurants von Berlin bis Paris zahlten Spitzenpreise für die hochwertigen Erzeugnisse – beispielsweise bis zu fünfmal mehr als für Weißwein aus Burgund.

Doch nach dem Ende des Zweiten Weltkriegs verändert sich die Kultur des Weinanbaus im Moselgebiet stark. Die große Nachfrage nach fruchtigen Weinen, die jetzt aufkommt und die während der Jahre des Wirtschaftswunders noch einmal rapide zunimmt, führt zu einer starken Ausdehnung des Anbaus. Selbst Flachlagen werden nun immer stärker für Weinbau genutzt. Der alte Bauernspruch »Wo ein Pflug kann gehen, soll kein Weinstock stehen« zählt plötzlich nicht mehr. Geld wird nun mit Masse verdient, nicht mit Qualität. Auch die Winzer an der Mosel pflanzen Reben, die vor allem viele Früchte tragen, auch wenn dadurch der Energiegehalt – und damit die Qualität – der einzelnen Trauben leiden. Manche gehen gar dazu über, ihren Erzeugnissen Zucker beizumischen. Moselwein steht bald nicht mehr für Qualität, sondern für billige Massenware. Die lange Tradition der hochwertigen Weine gerät in Vergessenheit. In dieser Zeit verliert der Moselwein, da sind sich Weinliebhaber und -kenner einig, seine Identität. Weitere Einschnitte brachten die 1969 und 1971 neu eingeführten Weingesetze. Die Europäische Wirtschaftsgemeinschaft will die Qualitätskriterien für ihre Weine vergleichbar gestalten, und so gibt es fortan nur noch vier Güteklassen: Prädikatswein, Qualitätswein, Landwein und den günstigen Tafelwein. Für viele Winzer bedeutet dies einen großen Rückschlag. Denn als Qualitätsmerkmal zieht der Gesetzgeber vor allem ein Kriterium heran: den Zuckergehalt im Most, den sogenannten Oechslegrad. Regionale Besonderheiten – etwa der karge, mineralhaltige Schieferboden, die besondere Sonneneinstrahlung auf den Steilhängen, die frühe Reife der Trauben und der dadurch entstehende besondere Geschmack – spielen plötzlich keine Rolle mehr. Zwar kann man auf dem Etikett die Region angeben, in der der Wein gewachsen ist, aber nicht die speziellen Gegebenheiten des jeweiligen Weinbergs. In der Folge werden nicht wenige eigentlich hochwertige Weinsorten herabgestuft – nur weil deren Charakter auf anderen Kriterien beruht als dem Oechslegrad. Das Pfund, mit dem die Calmont-Winzer jahrhundertelang wuchern konnten, wird ihnen genommen. All das verstärkt deutschlandweit die Konzentration auf billige Massenware. Aber besonders die Steillagen leiden unter dieser Entwicklung. Denn für Massenanbau sind sie völlig ungeeignet, da sie sehr viel schwieriger zu bewirtschaften sind als die Flachlagen.

Weinanbau auf Steilhängen wie denen des Calmont ist ein Knochenjob, der unglaublichen Mut, viel Muskelkraft und Ideenreichtum verlangt. Allein auf den steilen

Hängen zu stehen, ohne ins Rutschen zu geraten, ist eine Kunst. Dabei auch noch Reben zu schneiden, Trauben zu lesen und Pfähle zu setzen, ist für den Ungeübten schlichtweg nicht machbar. Auch mit Maschinen ist im Calmont nur wenig auszurichten. Viele der Geräte, die den Winzern in den Flachlagen einen großen Teil der Arbeit abnehmen, sind hier nicht zu gebrauchen. Man würde die meisten Gerätschaften wegen ihrer Größe und des Gewichts nicht einmal den Berg hinaufbekommen. Und brächte man sie doch hoch, müsste man ständig fürchten, dass sie abstürzen. Für die Winzer bedeutet das: jede Kiste, jedes Werkzeug, jeden Eimer zu Fuß den steilen Berg hinauf- und hinuntertragen; immer und immer wieder den steinigen Boden hoch- und runterlaufen.

Diese besonderen Bedingungen führen dazu, dass die Winzer am Calmont für das – nach den neuen Kriterien – scheinbar gleiche Erzeugnis einen viel höheren Aufwand als Winzer in den Flachlagen betreiben müssen. Kann man dort einen Hektar Rebfläche in etwa 300 Stunden bewirtschaften, so ist man in den Steillagen mindestens 1400 Stunden im Einsatz.

Viele Jahrhunderte war der besondere Tropfen, der hier entsteht, es den Menschen wert, all das auf sich zu nehmen. Doch auf einmal kann sich eine solch intensive Bewirtschaftung niemand mehr leisten. Die Folge: 1920 gab es noch 24 Hektar Rebfläche auf den steilen Hängen, Ende der 1990er-Jahre sind es gerade noch vier. Der Calmont-Wein droht endgültig in die Bedeutungslosigkeit abzurutschen. Die besondere Charakteristik der Kulturlandschaft mit ihren steilen Hängen, durch die sich die Mauern der Winzer ziehen, gleichmäßig bepflanzt mit den Weinreben, droht zu verschwinden. Der Berg wuchert zu, er verbuscht, und bald ist er gänzlich von Dornenhecken und anderen Wildpflanzen bewachsen.

Und es gibt noch ein Problem, mit dem die Winzer der Gegend zu kämpfen haben: den verstärkten Wegzug der jungen Generation in die Städte.

Viele Menschen stellen sich das Winzerdasein sehr beschaulich vor: Arbeit an der frischen Luft, ein ehrliches, traditionsbewusstes Handwerk, ein Leben in wunderschönen Landschaften – ein echter Traumberuf. Doch wer hier an der Mosel aufwächst, der weiß, was Winzer sein auch bedeutet: das ganze Leben lang malochen, bei Wind und Wetter, bei Eis und Schnee draußen im Weinberg, die Stiefel im Dreck, immer in dem Wissen, dass mit 60 die Knochen kaputt sein werden. So ist es kein Wunder, dass viele Familien, die sich über Generationen am Calmont abgemüht haben, keinen Nachwuchs haben, der den Weinbau weiterbetreiben möchte. Die Nachkommen gehen nach Berlin, München, Hamburg – oder wenigstens nach Trier, Stuttgart oder Frankfurt. Dorthin, wo etwas los ist, ins »pralle Leben«, hinaus in die Welt.

Eine jahrhundertealte Tradition steht vor dem Aus und wäre heute vielleicht Geschichte, wenn … ja, wenn nicht ein mutiger Winzer beschlossen hätte, sich dem Niedergang entgegenzustellen.

WENDEZEIT

KILIAN Als Papa 1999 die Entscheidung traf, den Calmont wieder für den Weinbau zu erschließen, haben ihn die Leute für verrückt gehalten. Nur wenige glaubten an den Erfolg seines ehrgeizigen Vorhabens. Aber er ließ sich nicht beirren. So war er immer: Wenn er sich etwas in den Kopf gesetzt hatte, dann zog er das durch – komme, was wolle. Als die Gemeinde ihm auf sein Drängen hin ein eineinhalb Hektar großes Anbaugebiet im Calmont anbot, schlug er zu.

Natürlich hatte er einen Plan: »Wenn du als Moselwinzer überleben willst, dann musst du auf Qualität setzen, nicht auf Masse« – davon war er überzeugt. Und welches Anbaugebiet würde sich besser für echten Qualitätswein von der Mosel eignen als der Calmont mit seinen einzigartigen Anbaumöglichkeiten?

Papa glaubte daran, den besonderen Charakter des hier wachsenden Weines neu bekannt machen, den einzigartigen Ruf, den er früher hatte, wiederherstellen zu können. Klar war: Ein solches Unterfangen ist nur möglich, wenn es ihm gelingt, die Weinkäufer von der Besonderheit und der Qualität des hier gewachsenen Weines zu überzeugen. Denn nur dann könnte er ihn für einen Preis verkaufen, der all die Investitionen rechtfertigt, die nötig sind, um die Lagen neu herzurichten und zu bewirtschaften.

Ihm ging es dabei nicht nur um seinen persönlichen Erfolg oder darum, das Weingut auszubauen, das er 1980 mit einer Fläche von 2,5 Hektar von seinen Eltern übernommen hatte. Ihm lag der Erhalt der besonderen Kulturlandschaft an Mosel und Calmont am Herzen – seiner Heimatregion. Papa brach es das Herz, wenn er die Steilhänge des Calmont sah, auf denen jahrhundertelang beste Weine gewachsen waren, und die nun brachlagen und verwilderten. Er war überzeugt, den Niedergang aufhalten zu können und zum Vorreiter für die Rekultivierung der steilen Felshänge zu werden. Auch wenn die Arbeit und das Risiko für dieses Unterfangen gigantisch waren.

Was ihm bei seinem Vorhaben entgegenkam, war, dass in den Gemeinden Bremm, Ediger-Eller und Neef, die unmittelbar am Calmont liegen, in dieser Zeit ein Umdenken einsetzte. Sie wollten die Region für Touristen wieder attraktiver machen und ihre Besonderheiten hervorheben. Dazu gehörte natürlich auch die alte Weinkultur mit der reizvollen Kulisse der bewirtschafteten Steillagen, die sie gerne wiederhergestellt sehen wollten.

Um dafür die Grundlagen zu schaffen, musste zunächst ein besonderes Problem gelöst werden: Während der Besatzungszeit durch Napoleon zu Beginn des 19. Jahrhunderts war die sogenannte napoleonische Erbfolge eingeführt worden.

Bei jedem Todesfall wurde das zu vererbende Grundstück in so viele Stücke zerteilt wird, wie es Erben gab. Das führte zu einer extremen Zerstückelung der Anbauflächen, an die man sich bei keiner der im Laufe der Jahrzehnte durchgeführten Flurbereinigungen herantraute. Als die Gemeinde in den 1990ern in einem mühsamen Verfahren die Besitzer der Einzelparzellen ausfindig machte, wussten viele gar nicht von ihrem Grund und Boden. Zehn Pfennige zahlte die Gemeinde pro Quadratmeter – und sagte außerdem zu, dass der Betrag auf drei Mark aufgestockt wird, wenn sich ein Winzer findet, der die Fläche tatsächlich wieder bewirtschaftet.

Als das Problem gelöst war, bot man die zusammengelegten Anbauflächen den Winzern an. Doch die allermeisten winkten müde ab – wer wollte sich das antun? Die Weinbauflächen waren seit Jahrzehnten verwildert, total zugewachsen. Bis dort wieder guter Wein wachsen könnte, würden Jahre ins Land gehen. Niemand war so verrückt – außer Papa. Manchmal frage ich mich allerdings, ob er es auch gewagt hätte, wenn er gewusst hätte, was da auf ihn zukommt.

Es war wie bei der Renovierung eines alten Hauses: Je weiter man vordringt, desto mehr Baustellen tun sich auf. Die Arbeit dauert doppelt so lange wie geplant, die Kosten schnellen in die Höhe, und gerade, wenn man denkt, endlich einen Schritt nach vorne getan zu haben, geht es wieder zwei zurück. Aber trotzdem: Nachdem er einmal angefangen hatte, viel Zeit und Geld zu investieren, gab es kein Zurück mehr.

Als er 2001 mit der Arbeit begann, waren die Parzellen auf dem Calmont in einem fürchterlichen Zustand. Ungebremst hatte die Natur sich das Gebiet zurückerobert und ein schier undurchdringbares Dickicht an Bewuchs produziert: eine dicke Schicht aus stacheligen Brombeerhecken und Gehölz bedeckte den Boden. Fieses Zeug, das sich ausbreitet wie ein Krake und alles unter sich erstickt. Brombeersträucher sind zäh. Sie zu entfernen, erfordert einen harten Kampf. Langsam musste Papa sich von außen nach innen vorarbeiten. Und als wäre die Arbeit nicht ohnehin schon anstrengend genug, war er pausenlos damit beschäftigt, an dem steilen Berghang überhaupt auf den Füßen zu bleiben und nicht zu stürzen. Wenn er abends nach Hause kam, hat er jeden einzelnen Knochen gespürt.

Wer denkt, dass mit dem Entfernen der Hecken das Schlimmste überstanden gewesen sei, sieht sich getäuscht. Die eigentliche Arbeit begann jetzt erst. Unter dem Blatt- und Astwerk befanden sich die jahrzehntealten Hinterlassenschaften früherer Winzergenerationen: alte Pfähle, zum Teil aus der Vorkriegszeit; daran die nicht weniger alten Reben, knochig-dicke Pflanzen mit tiefen Wurzeln, die natürlich nicht weiter genutzt, sondern sorgfältig entfernt werden mussten. Wie schön wäre es gewesen, hätte man sie einfach etwas säubern, zurechtschneiden, gießen und sich ins gemachte Nest setzen können. Aber das war nicht möglich. Alle 7200 Weinstöcke mussten raus – und zwar einzeln!

Mit der Hand war das nicht zu schaffen. Dafür brauchte es Verstärkung, eine zugkräftige Maschine, die Ziehmaxe. Das ist eine Motorseilwinde, die früher speziell für Steillagen-

Winzer gebaut wurde. Die meisten dieser speziellen Maschinen existieren schon längst nicht mehr. Andere stehen im Technikmuseum. Die Teile stammen aus der frühen Nachkriegszeit und haben in etwa die Größe eines Rasenmähers – nur dass sie viel schwerer sind, weil komplett aus Stahl gebaut. Es braucht starke Arme, um eine Ziehmaxe in den Weinberg zu tragen. Die tragbare Seilwinde hat einen Zweitaktmotor und wird mit massiven Stahlstangen im Boden befestigt. Ein möglichst stattlicher Arbeiter nimmt darauf Platz, um die Maschine anzuwerfen und mit seinem Gewicht zu stabilisieren, sodass sich die Verankerung, mit der sie im Boden befestigt ist, nicht löst. Über die Seilwinde läuft eine Kette, deren Ende von einem zweiten Arbeiter an der Weinrebe befestigt wird, die aus dem Boden geholt werden soll. Nun gibt der Arbeiter auf der Ziehmaxe Gas, und mit einem lauten Dröhnen beginnt die Seilwinde, sich zu drehen und die Rebe Stück für Stück aus dem Boden zu ziehen.

Das haben Papa und seine Helfer bei jeder einzelnen Rebe gemacht! 7200 Weinstöcke hat er auf diese Weise aus dem Boden gezogen. Eine Ziehmaxe alleine hielt das gewaltige Pensum nicht durch. Es brauchte insgesamt vier, um alle Pflanzen aus dem Boden zu bekommen. Zum Glück meldeten sich mehrere Nachbarn auf seine Anzeige hin. Sie hatten zum Glück jeder noch ein altes Exemplar im Schuppen, das sie ihm verkauften. Und trotz der maschinellen Unterstützung dauerte es Monate, bis endlich alle Reben entfernt waren. Mit Handarbeit wäre das Projekt wohl bereits an diesem Punkt gescheitert.

Als auch dieser Teil der Arbeit erledigt war, musste Papa jeden Quadratmeter Erde mit der Kreuzhacke durchgraben, um die zahlreichen Hecken- und Unkrautwurzeln zu entfernen. Nachdem endlich alle Rückstände aus dem Boden entfernt waren, glich die Fläche einer Einöde, die zu begehen ziemlich riskant war. Es war eine gefährliche Geröllwüste, denn die alten Terrassen des Berges, mühsam von Generationen von Winzern und ihren Arbeitern erbaut, waren natürlich seit Langem nicht mehr gepflegt worden. Viele der alten Trockenmauern, die die Erde davon abhalten sollten, talwärts abzurutschen, waren dem Zahn der Zeit zum Opfer gefallen. Sie lagen mehr, als dass sie standen. Die gesamte Terrassierung musste wieder von Grund auf neu angelegt werden.

Die Arbeit wurde etwas leichter, nachdem endlich die Monorack-Bahnen aufgebaut waren. Dies sind Einschienen-Zahnradbahnen, mit denen man extreme Steigungen – bis hin zu senkrechten Abschnitten – überwinden kann. Sie laufen quer durch den Weinberg und dienen zum Transport von Menschen, Geräten und Trauben. Ein Vierkantrohr, das auf Stützen etwa einen Meter über dem Boden verläuft, dient als Schiene. Darauf fährt ein kleiner, offener Monorack-Traktor, der mit Diesel oder Benzin betrieben wird. Dieser bietet Platz für eine Person, dahinter ist ein Korb befestigt, in dem bis zu 250 Kilogramm Last befördert werden können. Monorack-Bahnen kann man nicht »von der Stange« kaufen. Jedes einzelne Schienenstück der 500 Meter langen Strecke musste an Ort und Stelle der Form des Berges angepasst werden. Mit der Bahn zu fahren, ist ein wenig wie eine Achterbahnfahrt: zwar deutlich langsamer, aber dafür sehr steil. Und natürlich ohne Schultersicherung und Bauchgurt. Nichts für schwache Nerven – vor allem abwärts.

Nachdem die Anbauflächen endlich hergerichtet waren, mussten sie bepflanzt werden: 7900 Weinbergspfähle wurden dafür gesetzt. Die Reben wurden im Gut vorbereitet und dann in die Erde gepflanzt. Papa hatte sich für Riesling entschieden, die Königin der Weißweinreben, deren Ursprung bis ins 15. Jahrhundert zurückreicht. Die Rieslingpflanze ist spätreifend und stellt hohe Ansprüche an das Klima: Die Trauben benötigen eine lange Vegetationsperiode, damit sie ihr Aroma entwickeln können. Ist das Klima oder der Boden zu kühl, dann mangelt es ihnen an Reife, Aroma und Zucker. Ist es zu warm, reifen die Trauben zu früh. Deswegen hat sich der Riesling nur in wenigen Weinanbaugebieten als Hauptrebsorte durchgesetzt. Man findet ihn im Rheingau, in den Steillagen am Mittelrhein, in der Pfalz, im Kamptal in Österreich, in der Wachau, im Elsass – und nun wieder am Calmont. Hier hat diese anspruchsvolle Pflanze die perfekten Bedingungen: Die Sonne trifft im idealen Winkel auf den trichterförmigen Berg, die Trauben sind vor den kalten nördlichen Winden geschützt, das Wasser der Mosel wirkt klimamildernd, und ebenso entscheidend ist natürlich der einmalige Schieferboden, der im Sommer so heiß wird, dass man die Hand nicht darauflegen kann.

Über vier Jahre hat es gedauert, bis Papa seinen Weinberg am Calmont bestellt hatte. Die Weinwelt schaute ihm dabei neugierig zu – meist bewundernd, aber mindestens ebenso oft kopfschüttelnd. Doch am Ende sollte er recht behalten. Als er endlich die erste Ernte einfahren konnte, merkten die Fachleute bald, dass hier etwas ganz Besonderes am Entstehen war. Das Ergebnis hat andere Winzer damals ermutigt, es Papa gleichzutun. So wurde er zu einem echten Vorreiter für die Rekultivierung des Calmont. Mit seinem mutigen Vorhaben machte er den Calmont national und international wieder zu einer berühmten Weinlage und trug einen großen Teil dazu bei, diese einzigartige Kulturlandschaft zu bewahren. Bis heute hat er deshalb bei den Menschen in der Region so etwas wie Kultstatus.

Er selbst hatte davon aber erst einmal nicht viel – abgesehen vom Stolz über die geleistete Arbeit und der Anerkennung, die er dafür bekam. Es dauerte drei Jahre, bis die erste, noch kleine Ernte eingefahren werden konnte, ein weiteres Jahr bis zur ersten Vollernte. Und richtig gut werden die Trauben erst, wenn die Reben 20 Jahre alt sind. Die wahren Früchte seiner Arbeit – da muss man ehrlich sein – haben nun Angelina und ich eingefahren.

15 Jahre nach dem Beginn des visionären Vorhabens ist der Calmont-Wein wieder zum Synonym für guten Steillagenwein geworden. Und der Name Ulrich Franzen ist untrennbar damit verbunden. Ich bin sehr stolz auf das, was er geleistet hat.

ZEIT ZU REIFEN

ANGELINA   Gibt es einen konkreten Zeitpunkt, an dem Kilian und ich uns entscheiden, das Weingut zu übernehmen? Vielleicht diesen: Wenige Tage nach Ulis Tod stehen wir gemeinsam auf dem Hof. Nach getaner Arbeit sind die Helfer gerade dabei, alles zusammenzuräumen und nach Hause zu gehen – nicht ohne zu versprechen, am nächsten Morgen wiederzukommen. Kilian und ich stehen anschließend noch einen Moment da und schauen ihnen nach. Die Sonne geht bald unter, der Hof ist in dieses ganz besondere Licht getaucht, das nur diesen wenigen Minuten des Tagesendes vorbehalten ist.

»Was passiert hier gerade?« Kilian spricht ganz leise, beinahe so, als ob er zu sich selbst spräche. Ich weiß, was er mit der Frage meint: Die letzten Tage waren einfach überwältigend. Es gab kaum einen Moment, um durchzuatmen und darüber nachzudenken, was uns geschieht. Plötzlich steht unser ganzes Leben Kopf. Eben waren wir noch sorglose Studenten an der Uni, und jetzt haben wir, ohne es richtig zu verstehen, die Verantwortung für das Weingut von Kilians Familie übernommen.

Wie soll es weitergehen? Eigentlich ist uns klar, dass außer uns niemand da ist, der hier im Weingut weitermachen könnte. Ulis Brüder haben ihre eigenen Jobs, um die sie sich kümmern müssen. Für Kilians Schwester kommt die Arbeit auf dem Hof nicht infrage. Sie liebt es, hier zu sein, und hilft gerne mit, wenn Not am Mann ist, aber sie ist keine Winzerin. Und Max ist erst 18. Eigentlich bleiben nur Kilian und ich. Ohne dass wir darüber sprechen, wissen wir in diesem Moment beide, worauf das Ganze hinausläuft. Ich greife nach Kilians Hand und schaue zu ihm rüber. »Ich glaube, dass wir das schaffen werden.« Kilian lächelt mich an: »Was anderes bleibt uns wohl kaum übrig!« In dem Moment ist es beschlossen!

Auch wenn das Studium zunächst ruht, heißt das nicht, dass wir es abbrechen wollen. Wir sind fest entschlossen, beides zu schaffen: die Arbeit im Weinberg und die letzten drei Semester bis zum Abschluss. Es ist uns wichtig, das Handwerk, das wir ausführen, wirklich zu beherrschen. Und da gehören die theoretischen Grundlagen einfach dazu.

Dennoch kündigen wir als Erstes unsere Wohnung in Geisenheim. Es ist klar, dass wir hier vor Ort auf dem Weingut sein müssen, damit wir alles regeln können, was notwendig ist. Für die Vorlesungen und Seminare fahren wir mit dem Auto in den Rheingau zur Uni. Nebenbei sparen wir die Miete für die Wohnung, weil wir hier eine gute Bleibe haben. Rational ist alles klar, die Gefühle müssen noch mitkommen. Als wir die Wohnung leer räumen, merke ich, dass ich etwas traurig bin. Es war unser erstes eigenes Nest nur zu zweit. Die Zeit dort hat uns noch einmal fester zusammengeschweißt.

Bald merken wir, dass es eine echte Herkulesaufgabe ist, die wir uns vorgenommen haben. Nach und nach kehren die Helfer auf ihre eigenen Weingüter zurück. Benny hilft uns weiterhin, und natürlich auch Iris, aber dennoch verlangen uns das Studium und die Arbeit im Weingut alles ab. Es beginnt die härteste Zeit unseres Lebens.

Wenn wir um 8 Uhr in der Vorlesung in Geisenheim sein wollen, dann müssen wir spätestens um 6 Uhr in Bremm losfahren. Und wenn wir abends zurückkommen, ist es oft schon dunkel, sodass wir nicht mehr im Weinberg arbeiten können. Also teilen wir uns auf. Einer studiert, der andere kümmert sich um die praktische Arbeit im Weingut. Zuerst bin ich es, die weiter an die Uni fährt. Doch während ich in den Vorlesungen sitze, sind meine Gedanken ständig bei Kilian. In jeder Pause rufe ich ihn an, um zu hören, wie es ihm geht – und wie es gerade läuft. Und was er erzählt, trägt nur selten dazu bei, dass ich mich anschließend weiter auf den Lernstoff konzentrieren kann: Einmal schimpft er darüber, dass die Monorack-Bahn mal wieder kaputt ist – ein Dauerärgernis. Der komplizierte Mechanismus ist anfällig, außerdem kann es immer zu Steinschlägen kommen. Einzelne Felsbrocken lösen sich dann und kullern den Berg hinunter. Dabei treffen sie regelmäßig die Schienen der Bahn, die dann mühsam wieder repariert werden müssen. Wenn die Bahn stillsteht, ist das für die Arbeiter im Weinberg ein Desaster. Jetzt muss alles einzeln den Berg hinauf- und heruntergetragen werden.

Ein anderes Mal erzählt er, dass der Computer Mails von Kunden verschluckt hat. Sind auf diese Weise Bestellungen verloren gegangen? Wir können nur hoffen, dass die Kunden sich noch mal melden und Verständnis haben. Dann bleibt die erwartete Flaschenlieferung aus, die Kilian dringend benötigt, um Wein abfüllen und dann die Bestellungen ausliefern zu können.

Jede Hiobsbotschaft gibt mir einen Stich ins Herz. Dann will ich nur schnell nach Hause fahren, um zu helfen.

Als ich Kilian eines Abends frage, ob es nicht doch besser wäre, das Studium wenigstens so lange zu unterbrechen, bis sich auf dem Hof eine größere Routine eingestellt hat, will er davon nichts wissen. Er besteht darauf, dass wir an unserem Plan – Weinberg *und* Studium – festhalten.

Wenn ich am frühen Nachmittag aus Geisenheim zurückkomme, arbeite ich meist bis tief in die Nacht. Und obwohl wir beide bis an den Rand unserer Kräfte schuften, ist am Ende des Tages immer noch unendlich viel zu tun. Der Berg mit Arbeit wird immer größer statt kleiner. Eigentlich müssten unsere Tage 50 Stunden haben, damit es reicht.

Meist kommen wir nur noch zum Schlafen ins Wohnhaus, die restliche Zeit arbeiten wir. Selbst die Mahlzeiten lassen wir manchmal ausfallen. Dazu, uns Listen zu schreiben, was alles ansteht, kommen wir gar nicht. In der Zeit könnten wir schon wieder etwas erledigen. Was zu tun ist, haben wir im Kopf: Wein abfüllen, das Büro organisieren, eine moderne Homepage für das Weingut aufbauen, Werbung schalten, Etiketten gestalten lassen, das Weingut auf Veranstaltungen repräsentieren, die Reben pflegen, Kartons und Flaschen nachbestellen, Kunden anschreiben, Rechnungen tippen, die Steuererklärung machen, Versicherungsfragen beantworten, eine Etikettiermaschine kaufen … Und selbst wenn wir mal einen Moment nicht wissen, was als Nächstes anliegt, müssen wir uns nur umschauen, um über irgendwas zu stolpern, das dringend getan werden muss. Sieben Tage in der Woche sind wir bis auf Schlafpausen quasi rund um die Uhr im Einsatz. Es gibt keinen Ruhetag, wir verzichten auf alles, bis zur Selbstaufgabe. Ständig sagen wir auch unseren Freunden ab, die mit uns etwas unternehmen möchten. Weil wir keine Zeit haben oder früh ins Bett gehen wollen, weil wir völlig fertig sind.

Manchmal sehen wir uns den ganzen Tag, 24 Stunden am Stück. Dennoch streiten wir nie. Kein einziges Mal. Aber nach einigen Wochen ist klar: Das Pensum ist einfach zu hoch. Als Kilian eines Abends nach Hause kommt, merke ich, dass er wirklich am Ende ist. Es ist ein regnerischer Tag, den er im Calmont verbracht hat. Er sieht abgekämpft aus: dunkle Augenringe, starrer Blick. Den Plastikeimer und die dicke Regenjacke lässt er erschöpft auf den Boden fallen, bevor er sich auf die Couch wirft. Endlich spricht er aus, was schon längst nicht mehr zu übersehen ist: »Es reicht! So geht es nicht weiter. Wir schaffen das nicht mehr!«

Ich stelle den Teller, den ich gerade vom Abwasch in der Hand halte, weg und setze mich zu ihm.

»Studium und Arbeit – wie soll das funktionieren?«, fährt er fort. »Ich glaube, wir haben uns da etwas vorgemacht.« Er schaut mich an. »Du hattest recht, Schatz. Lass uns das Kapitel Studium abschließen. Wenn wir das hier schaffen wollen, dann geht das nur, wenn wir alles andere hinten anstellen!«

Ich bin erleichtert, dass er das jetzt auch so sieht. Auch wenn ich bislang versucht habe, das Studium wegen der Arbeit im Weingut nicht zu vernachlässigen, hänge ich den Kommilitonen weit hinterher. Ich weiß nicht, wie ich es überhaupt schaffen soll, all das nachzuholen, was in den vergangenen Wochen liegen geblieben ist. Und es hat mich genervt. Ich bin nicht der Typ, der etwas halb macht. Weder die Arbeit noch das Studium.

Wenige Wochen danach, kurz vor der Traubenlese im Spätsommer, fahren wir ein letztes Mal nach Geisenheim, verabschieden uns dort von den Professoren und unseren Freunden und kehren dem Studium endgültig den Rücken. Es ist ein großer Einschnitt.

Studienabbruch – das klingt für mich nach Versagen, Fehlplanung, nicht durchgehalten. Ein Makel im Lebenslauf. Niemals hätte ich mir vor drei Monaten vorstellen können, so etwas zu tun. Solange wir noch weiterstudierten, war – wenigstens auf dem Papier – nicht endgültig entschieden, dass wir das Weingut übernehmen. Wir hatten noch alle Optionen in der Hand. Doch mit dem Studienabbruch ist es besiegelt. Die Endgültigkeit, die darin liegt, macht mir Angst.

Und doch: Als wir nach Bremm zurückfahren, wird die Gewissheit, das Richtige getan zu haben, mit jedem Kilometer größer, den wir dem Weingut näher kommen. Wo eben noch Bedenken waren, merke ich nun, wie sich eine schwere Last von meinen Schultern löst!

Als ich am Horizont den Gipfel des Calmont sehe, greife ich Kilians Hand und sage ganz leise: »Das ist jetzt unser Zuhause. Der Ort, wo wir zusammen leben werden.«
Kilian ist kein Mann großer Worte. Er drückt kurz meine Hand. Aber das reicht. Ich weiß: Er ist genauso überzeugt, das Richtige getan zu haben, wie ich.

Spätestens jetzt ist es endgültig entschieden: Kilian und ich treten das Vermächtnis seines Vaters an. Mit Anfang 20 sind wir verantwortlich für ein Weingut mit 6,4 Hektar Fläche, die Kelterhalle, den Keller und die Maschinen.

*

KILIAN Es ist natürlich nicht nur ein materielles Erbe, das wir antreten. Auf uns lasten jetzt auch die Verantwortung für all das, was Papa aufgebaut hat – und die Erwartung vieler Menschen in der Region, dass wir weiterführen mögen, was der Pionier Ulrich Franzen am Calmont aufgebaut hat. Die Erinnerung an ihn ist dabei unser ständiger Begleiter.

Als Angelina und ich das kleine Büro aufräumen, machen wir zwei ganz besondere Entdeckungen: In einer Schublade finden wir eine Schwarz-Weiß-Aufnahme vom Calmont, die mindestens 100 Jahre alt sein muss. Vermutlich stammt sie noch von meinen Urgroßeltern. Auf dem Foto ist derselbe Ausschnitt der Landschaft zu sehen, den auch die Aufnahme zeigt, die Papa vor einiger Zeit in der Vinothek aufgehängt hat. Mir kommt es vor wie eine Verheißung: Er hat die Aufgabe von seinen Vorfahren übernommen. Und nun ist es an uns, die Tradition fortzusetzen. Eine Kopie des Fotos trage ich seitdem in meinem Portemonnaie mit mir. Immer, wenn ich es anschaue, weiß ich wieder, warum ich all das hier tue.

Die zweite Entdeckung, die wir machen, ist noch wichtiger. Unter den Papierstapeln stoßen wir auf eine Art Tagebuch, das Papa geführt und von dem er niemandem etwas erzählt hat. Um zu verstehen, wie besonders das ist, muss man wissen, dass wir Männer der Familie Franzen nicht gerade dafür bekannt sind, das Herz auf der Zunge zu tragen. Angelina nennt dies immer »charmanten Pragmatismus«. Sie kennt es aus ihrer Familie ganz anders, und zu Beginn unserer Beziehung hat es eine Weile gedauert, bis sie verstanden hat, dass unsere Art der Kommunikation keinesfalls abweisend oder böse zu verstehen ist. Wir sind einfach so. Ich erinnere mich, dass Angelina einmal ganz entsetzt war, als jemand aus der Familie verkündete zu heiraten und sein Vater lapidar sagte: »Tu das, dann fällst du wenigstens nicht negativ auf!« Wir sind eben Macher, keine Redner.

Umso wertvoller sind Papas Aufzeichnungen. Für mich ist das Buch ein unermesslicher Schatz. Darin zu lesen, lässt mich ihm ganz nahe kommen und viele Kindheitserinnerungen lebendig werden ... Eine besondere Erinnerung hat mit dem Weihnachtsfest zu tun, das wir Kinder immer sehnsüchtig erwartet haben. Etwas, das bei uns unbedingt dazugehörte, war, dass wir Legosteine geschenkt bekamen. Das ist an sich nichts Ungewöhnliches für Kinder. Besonders ist aber die Art und Weise, wie wir beschenkt wurden: Jedes Jahr verschwand Papa einige Tage vor Heiligabend im Wohnzimmer, das ab diesem Zeitpunkt zur absoluten Sperrzone wurde. Jeden Tag verbrachte er viele Stunden dort. Wir hörten durch die Tür nur ganz viele Klack-Klack-Geräusche, die verrieten, dass er auch dieses Jahr wieder eine besondere Überraschung vorbereitete. Und wenn dann am Weihnachtsabend endlich die Glocke läutete und die Tür sich zur Bescherung öffnete, blickten wir Kinder nicht nur auf einen wunderschön geschmückten Baum, sondern auch auf ein gewaltiges Bauwerk aus Lego: ein riesiges Raumschiff, einen imposanten Flughafen oder eine gigantische Ritterburg. Etwas, was mein Vater für uns entworfen und gebaut hatte. Wenn ich daran denke, welche Mühe all diese riesigen Eigenkreationen Papa gekostet haben müssen, staune ich noch immer. Später hat

Mama mir mal erzählt, dass er sich immer zentimetergenaue Pläne gemacht hat, bevor er sich ans Bauen machte.

Natürlich haben wir Papas Wunderwerke jedes Jahr ausführlich bestaunt. Was der alles konnte! Aber irgendwann, nachdem das erste Aha-Erlebnis überwunden war, kam die Versuchung, das Kunstwerk auseinanderzunehmen, um endlich auch selbst etwas aus den bunten Steinen bauen zu können. Auch wenn dies bedeutete, die Bauten von Papa zu zerstören. Eine Weile widerstanden wir meist der Versuchung, um dann doch irgendwann ein paar Steine hier, ein paar Steine da aus dem Bauwerk zu mopsen. Nach und nach lösten sich die Kunstwerke auf, bis nicht mehr viel vom Ursprünglichen zu erkennen war, während unsere eigenen Bauwerke wuchsen. Manchmal muss Altes eben weichen, damit etwas Neues entstehen kann.

Die Legosteine begleiteten uns auch sonst an vielen Stellen in unserer Kindheit. Wenn Papa und Mama im Weinberg arbeiteten, konnten sie uns nicht einfach unbeaufsichtigt zu Hause lassen. Was haben sie also gemacht? Ganz pragmatisch haben sie uns in den VW-Bus gesetzt, den sie am Fuße des Weinberges parkten, und uns Lego zum Spielen gegeben. Stundenlang saßen wir dann im Bus und konstruierten mit den bunten Steinchen interessante Dinge, während Mama und Papa im Weinberg schufteten. Mit auf den Berg durften wir nicht. Das war viel zu gefährlich.

Wie das bei Jungs so läuft, ist natürlich gerade das Verbotene besonders reizvoll. Ich erinnere mich noch, dass ich mich einmal mit ein paar meiner Freunde aufgemacht habe, um im Weinberg Fußball zu spielen.

Wer schafft es, den Ball am weitesten nach oben zu schießen? Und bei wem kommt er von alleine wieder runter? Ich war gerade mal fünf Jahre alt. Im Nachhinein war es wirklich gefährlich, dort oben zu spielen, wir hätten jederzeit abrutschen und uns verletzen können. Aber damals interessierte uns das herzlich wenig. Allerdings wurden wir erwischt, weil eine Nachbarin bei meiner Mutter anrief: Ob sie denn wisse, dass ihr Sohn mit seinen Freunden im Weinberg sei? Also kamen meine Eltern, um uns da rauszuholen. Wer jetzt denkt, dass sie mit uns geschimpft hätten, täuscht sich. Ganz ruhig erklärten sie uns, dass es wirklich gefährlich war, was wir da machten, und fuhren uns nach Hause.

Überhaupt haben sie uns viel Freiraum gelassen. Einmal habe ich mit meiner Schwester Verena im blauen 2er-Golf Autorennen gespielt. Sie saß am Lenkrad, das sie wie verrückt drehte, während ich mich auf dem Beifahrersitz in die Kurven legte und durch zusammengepresste Lippen das Motorengeräusch lieferte. Plötzlich bemerkten wir, dass der Schlüssel im Zündschloss steckte. Zaghaft drehten wir ihn rum, so wie Mama und Papa das auch immer machten, starteten die Zündung – und plötzlich machte der Wagen einen Satz nach vorne. Dumm nur, dass er direkt an der Hauswand parkte. Eine dicke Beule in der Stoßstange war die Folge. Aber anstatt sauer auf uns zu sein, war Papa vielmehr ärgerlich mit sich selbst, weil er den Schlüssel stecken gelassen hatte. Dass wir der Versuchung nicht widerstehen konnten, war für ihn kein Grund zu schimpfen.

Als wir etwas älter waren, machten wir als Familie zwei Wochen Urlaub in Südtirol. Weil Mama und Papa sich Weingüter in der Nähe ansehen wollten, ließen sie uns am beaufsichtigten Swimmingpool des Hotels zurück. Papa erlaubte, dass wir uns tagsüber an der Bar Süßigkeiten und Getränke holen dürfen. Den Kellner bat er, alles anzuschreiben, er wollte die Rechnung am Ende des Urlaubs bezahlen. Als er die Abrechnung zwei Wochen später in den Händen hielt, haute es ihn fast aus den Socken: mit sechs Eis pro Kind und Tag hatte er nicht gerechnet. Wir hatten uns nichts dabei gedacht und uns einfach immer, wenn wir Lust hatten, ein Eis geholt. Aber auch dieses Mal wurde nicht geschimpft.

Seit ich acht oder neun Jahre alt war, musste ich zum Helfen mit in den Weinberg. Die Arbeit machte mir Spaß und war außerdem eine gute Möglichkeit, mir ein ordentliches Taschengeld zu verdienen. Oma Agnes gab mir für jeden Eimer Trauben, den ich gefüllt hatte und nach vorne zum Weg trug, 50 Pfennige. Natürlich war ich ein echter Profi darin, die Eimer schnell zu füllen, sodass es ein einträgliches Geschäft wurde. An manchen Tagen schaffte ich 30 Eimer. Wenn das Wetter während der Arbeit mal schlecht war, verzogen wir Kinder uns einfach ins Auto zum Spielen. Manchmal habe ich mich anschließend gewundert, dass das Eimerguthaben selbst in dieser Zeit wie durch Zauberhand weitergewachsen war. Vermutlich hatte Oma die Finger im Spiel.

Überhaupt haben mich viele meiner Kumpels um meinen lockeren Vater und das Miteinander in der Familie beneidet. Als wir einmal als Jugendliche mit ein paar Jungs an der

Mosel gezeltet haben, leerten wir nach dem Baden im Fluss einige Weinflaschen, die wir zu Hause hatten mitgehen lassen. Plötzlich stand Papa vor uns, der gerade mit dem Fahrrad vorbeigekommen war und mal nach uns sehen wollte. Natürlich konnte er nicht so tun, als hätte er die leeren Flaschen nicht bemerkt. Und eigentlich waren wir noch zu jung für Alkohol. Also fragt er uns, ob wir die Flaschen ausgetrunken hätten. Nein, natürlich nicht, behaupteten wir. Da hat Papa einfach so getan, als würde er uns das glauben, und ist weitergefahren. Mir hat das mehr zu denken gegeben, als wenn er mit uns geschimpft hätte. Er hat zu mir gestanden, auch wenn ich Mist gebaut habe.

An die Arbeit im Weinberg hat Papa mich schon früh herangeführt. Ich erinnere mich gut, wie er mich mit 13 mit in den Weinberg nahm, um mir den Rebenschnitt zu erklären. »Der richtige Schnitt entscheidet darüber, wie der Rebstock sich über die Jahre entwickelt«, erklärte er mir, setzte die Rebschere an und zeigte mir, wie man es machen muss. Das Schneiden der Rebstöcke ist alles andere als einfach: Bleiben zu viele Triebe stehen, wachsen später zu viele Trauben am Stock. Die Substanz, die im Weinstock steckt, verteilt sich auf diese Weise quasi auf zu viele Abnehmer. Das mindert die Qualität des Weins. Je weniger Trauben, desto intensiver das Aroma. Das verstand ich schon als 13-Jähriger. Von da an habe ich Papa bei dieser Arbeit geholfen.

Vieles, was ich heute mache, gehörte schon als Jugendlicher zu meinem Alltag. Wenn ich aus der Schule kam, standen immer schon Weinflaschen bereit, die etikettiert werden mussten. Zwei Stunden hat das meist gedauert, und erst danach konnte ich mit meinen Hausaufgaben beginnen oder mich mit Freunden zum Spielen verabreden. Vielleicht denken manche jetzt: Wow, das ist für einen Jugendlichen aber ganz schön viel. Aber so habe ich das nie empfunden. Die Arbeit und der Weinberg gehörten einfach dazu. Für uns Geschwister war immer klar: Alle müssen helfen, sonst geht es nicht. Die Familie ist ein Team.

Abends saßen wir dann alle gemeinsam am Tisch, sprachen über den Tag, über Gott und die Welt. Der Familienzusammenhalt wurde bei uns immer großgeschrieben, und Weinbau gehörte einfach dazu.

Und noch etwas gehörte schon früh zu unserer Familie: Angelina.

*

ANGELINA Dass man sich mit 13 Jahren verliebt, ist nichts Besonderes. Das Glück zu haben, dass der Junge, den man anhimmelt, einen auch mag, ist da schon deutlich seltener. Aber dass aus der ersten Liebe auch gleich die Liebe fürs Leben wird, das gibt es so gut wie nie. Aber eben nur »so gut wie«. Denn manchmal macht der da oben uns Menschen einfach ein ganz besonderes Geschenk. Dass es nur Zufall ist, dass Kilian und ich schon so früh zusammenkamen, daran kann ich nicht glauben.

Es war 2003, als ich den etwas schlaksigen blonden Jungen zum ersten Mal bemerkte. Ich war gerade 13, Kilian 16 Jahre alt. Wir besuchten dieselbe Schule und lebten nur wenige Kilometer auseinander, er in Bremm und ich in Bullay. Wobei für Jugendliche ja selbst kurze Entfernungen große Hindernisse sein können, wenn der Bus nur selten am Tag von einem zum anderen Ort fährt.

Mit unseren Cliquen haben wir uns immer auf dem Spielplatz getroffen. Kilian war irgendwie anders: ruhig, besonnen, nicht so vorlaut wie die meisten anderen Jungs in seinem Alter. Natürlich habe ich versucht, mit ihm ins Gespräch zu kommen oder vielleicht sogar seine Handynummer zu ergattern. Aber das ist mir nie gelungen.

Nähergekommen sind wir uns dann auf der Schulabschlussfeier von meinem großem Bruder Benny. Es war eine ganz normale Schulfeier, wie man sie sich so vorstellt: an einer Grillhütte, mit Würstchen, Cola, Bier und Wein. Alle stehen in Grüppchen mit Getränken in der Hand herum und unterhalten sich. Mit meinen 13 Jahren war ich viel jünger als der Rest, aber weil es auch die Feier meines Bruders war, durfte ich dabei sein. Natürlich ruhten meine Augen die ganze Zeit auf Kilian, auch wenn er mich überhaupt nicht bemerkte. Jungs brauchen ja meistens etwas länger, um so etwas zu spüren. Irgendwann stupste ihn sein bester Kumpel Tobi an und zeigte in meine Richtung. Im Gegensatz zu Kilian hatte Tobi bemerkt, wohin ich die ganze Zeit starrte. Später hat Kilian mir erzählt, dass er ihm gleichzeitig zugeraunt hatte: »Der blonde Lockenkopf dahinten will was von dir!« Als Kilian dann kurz zu mir rüberschaute, hatten wir für einen Moment Blickkontakt. Und, naja, das reichte mir als Anlass, mich zu den beiden dazuzustellen. Wenn ich heute so darüber nachdenke, war das schon echt forsch. Aber was tut man nicht alles, wenn man verliebt ist!

Irgendwie hat es Kilian gefallen, dass ich so offensichtlich Interesse an ihm zeigte. Aber auch wenn er schon älter war, musste er damals seinen ganzen Mut zusammennehmen, um mich vor seinen Freunden direkt anzusprechen. Ich bemerkte jedenfalls, dass es in ihm arbeitete, bis er mich zaghaft fragte: »Wollen wir mal eine Runde spazieren gehen und uns ein bisschen unterhalten?« Das war echt süß. Und natürlich habe ich mich nicht zweimal bitten lassen.

Wir sind dann am Waldrand entlanggegangen, standen zusammen unter dem Sternenhimmel und haben kein Wort gesagt. Irgendwann haben wir uns nebeneinander ins Gras gesetzt. Und dann hat Kilian ein Gespräch angefangen und mich gefragt, wie lange ich denn heute Abend bleiben dürfe. So richtig toll fand ich das zunächst nicht, weil der Altersunterschied schon etwas war, was zwischen uns stand. Kurz habe ich überlegt, ob er vielleicht darauf anspielte, um mich zu ärgern. Aber dann dachte ich, dass es wahrscheinlich das Erste war, was ihm in den Sinn gekommen ist. Er hat dann auch gar nicht gewartet, bis ich ihm antwortete, sondern direkt damit begonnen, von sich zu erzählen: dass seine Eltern ziemlich locker drauf wären und er meistens so lange wegbleiben dürfe, wie er möchte.

Die Situation entspannte sich, und langsam kam ein Gespräch in Gang. Die größte Gemeinsamkeit bot die Schule, die wir beide besuchten. Also sprachen wir über skurrile Mitschüler, unsere Lieblings- und Hassfächer und natürlich die Lehrer. Vor allem einen Lehrer, der die Angewohnheit hatte, uns Gedichte auswendig lernen zu lassen. Anschließend vergaß er es oft und stellte uns die gleiche Aufgabe später noch einmal. Zu seinen Lieblingsgedichten gehörte eines von Rilke, und wir stellten erstaunt fest, dass wir es beide gerade als Hausaufgabe aufhatten. Lachend begann ich zu proklamieren:

»Herr, es ist Zeit, der Sommer war sehr groß.

Leg deinen Schatten auf die Sonnenuhren, und auf den Fluren lass die Winde los ...«

Kilian schaute mich etwas überrascht an, fuhr dann aber fort:

»Befiehl den letzten Früchten, voll zu sein,
gib ihnen noch zwei südlichere Tage,
dränge sie zur Vollendung hin und jage die letzte Süße in den schweren Wein ...«

Als er an einer Stelle ins Stocken kam, brachte ich die Zeile für ihn zu Ende: »... wenn die Blätter treiben.«

Dass Teenager sich gegenseitig ein Rilke-Gedicht aufsagen, kommt wahrscheinlich höchstens in seichten

Romanen vor. Und es wäre auch gelogen zu behaupten, dass uns Rilke oder Poesie damals besonders viel bedeutet hätten. Aber trotzdem war es ein besonderer Moment. Während wir sprachen, kamen sich unsere Hände auf dem Boden immer näher, bis sich unsere Fingerspitzen irgendwann leicht berührten. Es hat sich angefühlt, als wären sie elektrisiert. Das werde ich nie vergessen. Schnell habe ich meine Hand wieder zurückgezogen, weil ich das kaum ausgehalten habe. Anschließend haben wir noch unsere Handynummern ausgetauscht und sind langsam zu den anderen zurückgegangen.

Für mich war die Sache damit klar: Kilian und ich waren zusammen. Am nächsten Tag in der Schule sollte meine Gewissheit darüber jedoch erst mal erschüttert werden. Auf dem Schulhof tat Kilian so, als ob er mich nicht kennen würde. Ich war wütend und verwirrt gleichzeitig. Was sollte das, bitte schön?

Nach der Schule fing er mich draußen vor der Treppe ab: Es war ihm irgendwie peinlich, eine Freundin zu haben, die drei Jahre jünger ist als er. Das vor seinen Freunden offen zu zeigen, fiel ihm einfach noch schwer. Natürlich war ich von seinem Verhalten alles andere als begeistert, aber ich konnte ihn auch ein wenig verstehen. Vor allem war ich erleichtert, dass die gestrige Begegnung und das Zusammensein unter dem Sternenhimmel nicht einfach nur eine einmalige Sache für ihn gewesen waren.

Seine Schüchternheit war übrigens nicht die einzige Hürde, die wir überwinden mussten: Kurz danach begannen die Sommerferien – und Kilian fuhr auf eine zweiwöchige Jugendfreizeit nach Italien. Die Zeit ohne ihn war eine echte Qual für mich. Ich war frisch verliebt, die Beziehung noch total unsicher, und ich konnte ihn weder sehen noch sprechen. Irgendwann habe ich dann meinen ganzen Mut zusammengenommen und ihm eine SMS geschrieben, in der ich ihn direkt gefragt habe: *Sind wir noch zusammen?* Ich war total erleichtert, als er zurückschrieb: *Klar. Treffen wir uns, wenn ich wieder da bin?*

Auf dem Sportplatz in Bullay sind wir dann auch einige Tage später zusammengekommen. Dies war einer der Plätze, auf denen eigentlich immer Jugendliche aus den umliegenden Orten zusammen rumhingen. Es war kein Treffen zu zweit, sondern wir hatten unsere besten Freunde mitgebracht: Kilian den Tobias und ich die Anna. Und wir haben uns an diesem Tag auch das erste Mal geküsst. Spätestens jetzt war endgültig klar, dass wir zusammen waren. Und weil unsere engsten Freunde das mitbekommen hatten, brauchte ich auch keine Angst mehr zu haben, dass Kilian beim nächsten Treffen wieder einen Rückzieher machen würde. Da hat er sich sozusagen ganz öffentlich zu mir bekannt.

Wenn es darum ging, in Kontakt zu bleiben, waren wir kreativ: Jeder von uns hatte auf seinem Handy einen speziellen Klingelton für den anderen eingerichtet. Mehrmals am Tag riefen wir uns gegenseitig an und ließen es dreimal klingeln. Das bedeutete: »Ich denke gerade an dich!«

Unsere Handys klingelten damals häufig.

Nachdem ich mit Kilian zusammengekommen bin, war ich anschließend natürlich auch ziemlich häufig bei Franzens zu Hause. Am Anfang sind wir immer schnell die Treppe in sein Zimmer hochgehuscht, ohne Hallo zu sagen. Irgendwann saß ich dann mal mit am Abendbrottisch. Ich habe Kilians Papa noch ganz respektvoll die Hand gegeben, und er hat nur kurz »Hallo« gesagt – das war's. Anschließend haben wir schweigend gegessen. Das war schon ein bisschen unangenehm. Aber nach drei gemeinsamen Abendessen im Kreis der Familie waren dann endlich alle aufgetaut, und wir haben uns ganz normal unterhalten. Bald habe ich mich gefühlt, als hätte ich schon immer zur Familie gehört.

Es klingt wahrscheinlich ziemlich verrückt, aber irgendwie wusste ich damals schon, dass das nicht nur eine kurze Teenagergeschichte werden würde. Ich weiß noch genau, dass ich zu meiner Mama damals sagte: »Das ist meine große Liebe. Den werde ich mal heiraten!« Andere Mütter hätten wahrscheinlich gelacht. Aber meine Mama mochte Kilian von Anfang an sehr und hoffte selbst, dass ich recht behalten würde.

Ich glaube, ein Grund dafür war, dass sie merkte, dass mir der Kontakt zu Kilian und seiner Familie richtig guttat. Ich bin damals in eine Familie gekommen, die von gegenseitigem Vertrauen und großer Warmherzigkeit geprägt war. Auf den ersten Blick könnten unsere Familiengeschichten kaum gegensätzlicher sein.

Ich bin ein Scheidungskind. Die Trennung meiner

Eltern – 1994, ich war gerade mal vier Jahre alt – war für mich als Kind traurig und auch sehr irritierend. Auf einmal standen ganz viele Kartons im Schlafzimmer meiner Eltern, und Mama weinte sehr viel. Gemeinsam mit meinem älteren Bruder Benny sind wir mit ihr aus meinem Elternhaus in eine kleinere Wohnung gezogen. Ich konnte überhaupt nicht verstehen, warum wir dort schliefen und nicht einfach wieder nach Hause gehen konnten. Abends hat sich meine Mutter regelmäßig in den Schlaf geweint.

1995 haben sich meine Eltern dann nach 13 Jahren Ehe scheiden lassen. In kleinen Orten sind Scheidungen etwas, worüber noch viele Jahre hinter vorgehaltener Hand getuschelt wird. Wer sich scheiden lässt, ist gescheitert, heißt es.

Plötzlich war ich nur noch zu Besuch, wenn ich bei Papa auf »Onkel Toms Hütte« war – so haben meine Eltern die Wirtschaft genannt, die zu dem kleinen Weingut auf dem Karfunkelberg gehört, das sie vor einigen Jahren gemeinsam aufgebaut hatten. Auch ein paar Übernachtungszimmer für Touristen und Wanderer gehören zum Gut. Ähnlich wie Kilians Eltern hatten auch meine Eltern damals eine echte Aufbruchssituation erlebt: Vier Hektar Weinberg zu bewirtschaften, war für sie eine echte Herausforderung. Außer ihrer großen Willenskraft hatten die beiden damals kaum Mittel, und trotzdem haben sie es geschafft.

Wenn ich später meinen Papa besuchte, habe ich ihm eigentlich immer geholfen: Schon als Fünfjährige hat es mir großen Spaß gemacht, den Gästen die Teller mit dem Essen zu bringen. Und die haben sich über das kleine Mädchen, das schon so kräftig mit anpackt, natürlich sehr amüsiert.

Der Kontakt zwischen meinen Eltern war nach der Trennung sehr schwierig. Eigentlich haben sie nur miteinander gesprochen, wenn es um uns Kinder ging, und sind sich ansonsten so gut es geht aus dem Weg gegangen. Und wenn sie sich dann doch mal begegnet sind, gab es meistens Ärger. In den ersten Jahren nach der Trennung hat sich in unserer Familie eigentlich niemand wirklich wohlgefühlt. Geändert hat sich das erst durch eine schwere Krankheit innerhalb der Familie. Im Krankenhaus kamen alle zusammen. Wir lagen uns im Gang weinend in den Armen und haben darauf gewartet, dass uns die Ärzte nach der Operation mehr sagen konnten. Als der Arzt dann auf den Gang trat, war er kreidebleich. Aber zum Glück nicht, weil etwas schiefgegangen war, sondern weil er sich geirrt hatte. Es war nur eine harmlose Erkrankung. Alles war gut.

Ich glaube, dass Menschen manchmal ein lautes »Jetzt reißt euch mal zusammen«-Erlebnis brauchen, damit sie zur Vernunft kommen, ihr Ego über Bord werfen und den anderen nicht länger als Gegner, sondern als Gegenüber sehen können. Dass es ihnen oftmals auch erst dann gelingt, ehrlich zu sich selbst zu sein, die Vorwürfe zu vergessen, um das Vergangene hinter sich zu lassen.

Dieser Tag hat vieles in unserer Familie verändert. Der Streit war wirklich vergessen. Endlich konnten sich meine Eltern wieder in die Augen sehen, ohne dass Ärger oder Hass hochkamen. Beinahe könnte man meinen, dass da jemand seine Finger im Spiel hatte, um meine Familie endlich zur Vernunft zu bringen. Wie auch immer, am Ende war jedenfalls alles wieder gut. Und das ist es ja, was zählt.

Heute sehe ich die Scheidung meiner Eltern nicht länger als Katastrophe an, sondern erkenne vielmehr das Gute, das daraus entstanden ist. Wenn sie sich nicht getrennt hätten, dann hätte Mama keinen neuen Mann gefunden und auch kein gemeinsames Kind mit ihm bekommen. Mein Stiefvater und meine Stiefschwester sind so ziemlich das Beste, was mir in meinem Leben passiert ist. Und auch meinen kleinen Halbbruder Emil gäbe es sonst heute nicht. Wobei ich die Bezeichnungen Stiefschwester und Halbbruder gar nicht so gut finde, weil wir uns wirklich als Geschwister fühlen. Alles in allem habe ich also eine größere Familie bekommen, und dafür bin ich wirklich dankbar.

*

KILIAN Nach der Realschulzeit stand die Frage an, was für eine Ausbildung ich machen möchte. Damals war für mich klar, dass ich kein Winzer werden würde. Vielleicht gerade weil ich aus einer Winzerfamilie komme und nicht einfach dasselbe machen wollte wie meine Eltern?

Meine erste Idee damals war, Schnapsbrenner zu werden. Ich weiß selbst nicht mehr, wie ich darauf gekommen bin. Es ähnelte dem Winzerdasein zumindest ein wenig, ohne dasselbe zu sein. Sicherlich steckte auch ein bisschen Rebellion in diesem Gedanken. Doch als ich Papa von meinen Plänen erzählte, nahm er es völlig gelassen auf. »In Ordnung«, hat er knapp gesagt, »das ist eine gute Idee. Ich kenne sogar jemanden, bei dem du das lernen kannst, wenn du willst.« Beinahe wäre ich also tatsächlich Schnapsbrenner geworden. Aber die Lehrstelle zerschlug sich, weil der Ausbilder die Stelle mit jemandem aus seiner Verwandtschaft besetzte. Das war im ersten Moment natürlich ernüchternd – aber ich hatte die Enttäuschung schnell überwunden.

Bald hatte ich eine neue Idee: Offsetdrucker wollte ich werden, wie mein Onkel. Eine Lehrstelle war recht bald gefunden. Auch dieses Mal kam mein Papa nicht auf die Idee, mir das auszureden. Er wollte einfach, dass ich meine eigenen Erfahrungen mache, meinen eigenen Weg finde. Und diesmal setzte ich meine Pläne tatsächlich um und begann eine Lehre als Drucker. Anfangs war es faszinierend, so eine große Druckmaschine in Gang zu setzen, Berge von Papier hindurchzuschleusen, an Farbreglern zu drehen.

Doch die Arbeit hat mich letztlich ziemlich schnell angeödet. Immer wieder waren es die gleichen Handgriffe, es war laut und heiß im Drucksaal. Es schien mir wenig verlockend, den Rest meines Lebens in einer neonbeleuchteten Halle neben einer lärmenden Maschine zu stehen und Farben und Passermarken zu kontrollieren, umgeben von Lösungsmittel-Wolken. Aber jetzt musste ich erst einmal da durch. Während der dreijährigen Ausbildung habe ich es jedenfalls richtig genossen, nach Feierabend – und sogar im Urlaub – zu Hause im Weinberg mitzuarbeiten. Wenn ich mit beiden Beinen auf dem erdig-steinigen Boden stand, die Hände in den grünen Blättern und die Sonne auf der Nasenspitze – dann, ja dann fühlte ich mich total wohl. Wenn ich oben am Steilhang stand, zwischen den Reben, den Blick über die Mosel schweifen ließ und den Geruch von frischer Erde in der Nase hatte, wusste ich, was mir beim Druckersein fehlte. Trotzdem habe ich durchgehalten und die Lehre abgeschlossen.

Vielleicht wollte Papa mir keine Vorschriften machen, weil er sich für sich selbst auch mehr Entscheidungsfreiheit gewünscht hätte. Eigentlich hätte er gerne studiert. Aber das ging damals nicht. Seine Brüder studierten bereits beide, und Uli als Jüngster musste das Weingut übernehmen.

Nach der Lehre beschloss ich, dass das Druckersein auf jeden Fall nichts für mich ist, und meldete mich 2008 zum Fachabitur in Bad Kreuznach an, um anschließend mehr Optionen zu haben und mir bis dahin überlegen zu können, was ich wirklich möchte. Außerdem hatte es den Vorteil, endlich mal von zu Hause wegzukommen. Weil die Fachschule zu weit weg war, um jeden Tag dorthin zu pendeln, wohnte ich unter der Woche in Bad Kreuznach und kam nur am Wochenende nach Hause.

*

ANGELINA   Als Kilian nach Bad Kreuznach ging, um sein Fachabitur zu machen, kam es zur ersten und einzigen echten Krise zwischen uns. Bis dahin sahen wir uns fast täglich, auch in unserem Umfeld hatten sich alle daran gewöhnt, dass wir ständig zusammen waren. Beinahe nahmen wir unsere Beziehung als etwas Selbstverständliches hin, und das, obwohl wir beide noch keine 20 Jahre alt waren. Wie viel uns beiden die Nähe bedeutet, wurde uns erst klar, als die Beziehung auf eine harte Probe gestellt wurde, als Kilian 2008 umzog. Nur an den Wochenenden kam er regelmäßig nach Hause. Dass wir uns nur zwei Tage in der Woche sehen, war für uns natürlich eine große Umstellung. Trotzdem lief es die erste Zeit gut – klar, wir sahen uns seltener, aber dafür freuten wir uns umso mehr, wenn das Wochenende anstand. Aber bald veränderte sich etwas: Ich spürte, dass Kilian sich immer weiter von mir entfernte. Bis jetzt teilten wir eigentlich immer alles miteinander, hatten sogar denselben Freundeskreis. Jetzt lernte Kilian plötzlich in einem anderen Umfeld neue Leute kennen, Menschen, zu denen ich keinen Bezug hatte. Es wurde zunehmend schwierig, darüber zu sprechen. Bald kam er auch an den Wochenenden immer seltener nach Hause, blieb lieber in Bad Kreuznach, um etwas mit seinen neuen Freunden zu unternehmen. Die Anrufe wurden weniger, die Nähe schwand immer mehr – bis es schließlich zu einem heftigen Streit am Telefon kam. Ich weiß schon gar nicht mehr genau, worum es überhaupt ging, jedenfalls brach der Kontakt anschließend ab. Es herrschte absolute Funkstille.

*

KILIAN Es war schwierig damals. Ich wollte einfach mal raus, war froh, etwas anderes zu sehen als immer nur die gleichen Orte und Gesichter. In Kreuznach war viel mehr los, man konnte gut feiern gehen, die Kollegen waren echt in Ordnung, und die Heimat schien so weit weg.

Natürlich vermisste ich Angelina, auch wenn ich mich gut ablenken konnte. Wenn ich am Wochenende zu Hause war, ohne sie zu sehen, tat es mir wirklich weh. Aber um bei ihr vorbeizugehen und mich zu entschuldigen, fehlte mir einfach der Mut. Reden ist einfach nicht so meins. Also habe ich ihr einen Schokoriegel gekauft und vor die Tür gelegt.

Und dann noch einen. Und noch einen. Wieder und wieder. Irgendwann schrieben wir uns SMS und verabredeten uns fürs Kino. An jenem Abend lief »Der seltsame Fall des Benjamin Button«: Ein Kind wird als alter Mann geboren und im Laufe seines Lebens immer jünger. Dennoch gelingt es ihm, seine große Liebe zu finden, die ihn am Ende, als er ein Säugling ist, zu Grabe trägt. Uns sind beiden die Tränen gekommen. Der Film hat uns geholfen, uns darüber klar zu werden, was für ein besonderes Geschenk es ist, die große Liebe zu treffen. Und dass es sich lohnt, darum zu kämpfen. Nie wieder haben wir seitdem unsere Beziehung infrage gestellt.

Bis heute ist der Schokoriegel eine Art Geheimsymbol zwischen uns. Wenn mal wieder eine schlechte Nachricht über uns hereinbricht, jemand krank ist oder die Trauben nicht richtig wachsen wollen, dann lege ich Angelina einen Schokoriegel aufs Kopfkissen. Und dann erinnern wir uns daran, was im Leben wirklich wichtig ist und dass egal, was passieren mag, wir immer noch uns haben.

*

ANGELINA Nach dem Fachabitur wusste ich zuerst nicht so genau, was ich eigentlich will. Also habe ich während einer Reihe von Praktika in verschiedene Berufe hineingeschnuppert, unter anderem beim Radio und bei einem Rechtsanwalt. Aber so richtig passend war das alles für mich nicht.

Nachdem Kilian seine Fachhochschulreife hatte, haben wir uns zusammengesetzt und einen Plan ausgeheckt. Ich erinnere mich noch gut an den Abend, als wir Kilians Eltern einweihten: »Wir wollen Weinbau studieren und gemeinsam nach Geisenheim gehen. Und wenn ihr irgendwann in den Ruhestand geht, können wir uns gut vorstellen, das Weingut zu übernehmen.«

Kilians Papa freute sich über unsere Entscheidung. Er sagte zwar nicht viel – Stichwort »charmanter Pragmatismus« –, aber lächelte uns breit an und nickte mehrmals. Dann zog er wie aus dem Nichts eine Broschüre der Hochschule hervor, schlug eine bestimmte Seite auf und sagte: »In Geisenheim gibt es den Studiengang *Internationale Weinwirtschaft*. Das wäre doch was für dich, Angelina. Da geht es um Sprachen und Marketing. Und Kilian könnte klassisch *Weinbau und Önologie* studieren. Das passt doch.« Anscheinend hatte er den Gedanken längst gehabt.

Zufrieden schaute er uns an. Wir waren baff. Und bevor wir auch nur ein Wort herausbrachten, hatte er schon die nächsten Details parat: »Und für die Vorbereitungspraktika habe ich auch schon eine Idee. Angelina macht ihr Praktikum bei uns, und Kilian geht aufs Weingut Leitz. Ich habe da schon mal angefragt, du kannst jederzeit anfangen.« Der Mann war, so dachte ich, perfekt vorbereitet.

In Ulis geheimem Tagebuch haben wir Jahre später einen Eintrag gefunden, der uns sehr bewegt hat: »Ich wünsche mir, dass später einmal eines meiner Kinder das Weingut übernimmt.« Als er das aufgeschrieben hat, muss Kilian etwa sieben Jahre alt gewesen sein. Wie sehr muss er sich das all die Jahre gewünscht haben! Wie viel Stärke wird es gebraucht haben, niemals darüber zu sprechen, um bloß keinen Druck auf eines seiner Kinder auszuüben! Wie viel Geduld muss er gehabt haben, darauf zu warten, dass jemand selbst darauf kommt, dass er das will! Ob er immer gewusst hat, dass es eines Tages so kommen wird? Dass Kilian ihn fragt? Oder hat er nur darauf gehofft und einfach abgewartet?

Wahrscheinlich hätte er sein Schweigen niemals durchgehalten, wenn er nicht tief im Innern vertraut hätte, dass Kilian die richtigen Entscheidungen treffen wird. Vertrauen war seine Art, der Familie zu begegnen.

*

KILIAN In den nächsten Monaten, während wir unser Studium in Geisenheim aufgenommen haben, bekam Papa plötzlich einen ganz neuen Schwung in seinem Leben, und er begann, lauter neue Pläne zu schmieden. Das Weingut sollte schön sein, wenn wir es mal übernehmen. Er wollte das ganze Haus umbauen und erneuern. Ständig ist er mit dem Zollstock umhergelaufen, hat mit den Augen überall Maß genommen, überlegt, welche Wände er versetzen will und welchen farblichen Anstrich das Haus später bekommen soll. Immer wieder kam er mit neuen Ideen: »Ich baue die Vinothek um. Die wird größer und schöner als bisher. Und hier die Pergola, die nehmen wir weg. Das machen wir ganz anders.« Um alles finanzieren zu können, hat er sogar seine Kapitallebensversicherung gekündigt und sich das Geld auszahlen lassen.

*

Zuletzt haben wir Papa zwei Wochen vor dem Unfall gesehen. Am Wochenende waren wir zu Besuch und hatten Wein von unseren Kommilitonen mitgebracht. Die kamen ja fast auch alle von verschiedenen Weingütern. In Geisenheim haben wir untereinander immer die Flaschen von zu Hause getauscht und probiert, wie der Wein aus den unterschiedlichen Regionen und Weingütern schmeckt.

Das Probieren hat auch Papa an diesem Tag großen Spaß gemacht. Wir haben abends zusammengesessen und gegrillt. Papa liebte das, er hat so oft gegrillt, wie es nur ging. An diesem Tag hatte meine Mutter vom Metzger Bratwurst in Scheiben mitgebracht, über die er sich sehr amüsierte: »Bratwurst in Scheiben, was soll das denn sein?« Geschmeckt hat es ihm trotzdem.

Am nächsten Mittag hat er dann wieder für alle gegrillt, bevor Angelina und ich nachmittags nach Geisenheim zurückgefahren sind. Im Auto haben wir noch gelacht, dass Papa abends den Grill bestimmt schon wieder anwerfen würde. Hat er aber nicht, wie Mama uns später erzählte. Stattdessen hat er die Glut im Grill verglühen lassen, Mama gebeten, die Grillreste, eine Flasche Wein und ein Brot in einen Korb zu packen, und ist dann mit ihr zu seinem Lieblingsplatz auf dem Calmont aufgebrochen.

Es war das letzte Mal, dass sie gemeinsam dort hingefahren sind.

TEIL II
NEUE WEGE

Das Jahr des Weines

Das Weinbaujahr folgt einem festen Ablauf. Los geht's im November oder Dezember, wenn die Blätter von den Reben gefallen sind, aber der neue Austrieb noch nicht begonnen hat. Dann hat der Winzer einen freien Blick auf die Rebe. Im Laufe des Jahres kontrolliert er jedes Gewächs etwa 15-mal. 90 000 Reben stehen auf den Flächen des Weinguts Franzen.

Die Arbeit beginnt mit dem Rebschnitt. Dabei wird altes Holz entfernt, um die Zahl der Fruchtruten, aus denen die Triebe für die Trauben und Blätter wachsen, zu reduzieren. Der Rebschnitt entscheidet maßgeblich über den Erfolg, denn mit ihm steuert man das Verhältnis zwischen Ertragsmenge und der Qualität. Bilden die Reben zu viele Triebe aus, wachsen zwar viele Trauben am Weinstock, aber das ist schlecht für das Aroma. Eine Reduzierung der Triebe sorgt dafür, dass sich das Aroma auf die verbleibenden Trauben reduziert. Ein, zwei Fruchtruten lässt man stehen, 90 Prozent werden weggeschnitten. Alles in Handarbeit, an jeder einzelnen der Reben. Jede Zeile muss der Winzer entlanggehen, Kilometer um Kilometer, in den Flachlagen ebenso wie auf dem Steilhang.

Wenn die Schnittarbeiten zu machen sind, ist es meist bitterkalt. Die Hand droht am Metallgriff der Schere festzufrieren, und man kann sich noch so warm anziehen; irgendwann kriecht die Kälte doch in die Knochen. Ist der Boden gefroren, steigt die Gefahr, auszurutschen und zu stürzen – erst recht auf dem steinigen Grund des Calmont mit einer Schräge von 65 Grad. Der Ausblick dort oben ähnelt dem aus einer Achterbahn, die sich kurz nach dem höchsten Punkt in die steile Senkrechte stellt, um donnernd die Schienen hinunterzubrausen. In den warmen Monaten gibt es immer ein paar unverdrossene Wanderer, die sich mit den Händen an den Geländern auf dem Klettersteig durch den Berg arbeiten. Der Unterschied zum Winzer ist: Der hat die Hände nicht frei, er braucht sie zum Arbeiten.

Verbunden mit dem Rebschnitt sind die Erhaltungsarbeiten, die sich auch noch in das Frühjahr hineinziehen. Alte Holzpfähle müssen ausgetauscht und so manche Parzelle neu bepflanzt werden. Das heißt: alte Weinstöcke raus und neue rein in den Boden. Die Reben sind zwischen 4 und 100 Jahre alt, 200 bis 250 Reben müssen jedes Jahr ausgetauscht werden. Die jungen Reben werden auf Bestellung in Kartons geliefert. Bis sie in die Erde kommen, werden sie in einem Kühlraum bei fünf Grad aufbewahrt, damit sie – im wahrsten Sinne des Wortes – die Ruhe bewahren. Wenn es so weit ist, wird die Rebe aus dem Karton genommen und ins Wasser gesetzt. Die Spitzen der Wurzeln werden beschnitten, dann kommen die Reben in Körbe und werden in den Weinberg gefahren – oder im Falle des Calmont getragen. Im Weinberg wird ein Loch geschaufelt, die Rebe hineingesetzt und Erde draufgemacht – alles per Hand. Bis die neue Rebe an ihrem Platz ist, hat der Winzer sie fünf-, sechsmal in der Hand gehabt. Für das händische Setzen von 250 Reben braucht man mit vier Leuten zwei Arbeitstage. Mit einer Pflanzmaschine könnte man in einer einzigen Stunde das Doppelte an Reben setzen – aber die Pflanzmaschine kann auf dem Calmont nicht fahren. Franzens arbeiten manchmal wie vor 100 Jahren. Es ist ein Vielfaches an personellem und finanziellem Aufwand, den man hier betreiben muss.

Als Winzer am Calmont muss man sich zudem gut darum kümmern, dass der Berg »in Form« bleibt – ein Problem, das viele andere Winzer in Flachlagen gar nicht haben. Franzens müssen Trockenmauern in den Weinberg ziehen. Die Mauern hindern das Erdreich daran, sich nach unten zu verschieben oder gar lawinenartig abzubrechen. Es ist eine Sisyphusarbeit: Hat man alles kontrolliert, repariert und erneuert, kann man eigentlich direkt von vorne wieder anfangen. Der Berg ruht nicht, er ist ständig in Bewegung.

Im März oder April, wenn die Natur sich allmählich grün färbt, will die Rebe gepflegt werden. Wieder läuft der Winzer Zeile für Zeile ab und bindet die Fruchtruten an Drähte, die zwischen den Reben gespannt sind, damit sich die Triebe gleichmäßig verteilen. Nicht selten steht der Winzer bei dieser »Reberziehung« im Regen.

Während der gesamten Wachstumsphase sind immer wieder Laubarbeiten fällig. Man bricht die Blätter und Äste in dem Maße heraus, dass die Pflanzen optimal ge-

deihen können. Dafür müssen sie genug Sonne abbekommen, aber auch wieder nicht so viel, dass sie verbrennen. Gleichzeitig dürfen sie nicht zu sehr im Schatten stehen, damit sie nicht durch die Feuchtigkeit, die sich unter den Blättern sammelt, zu faulen beginnen. Wie genau das funktioniert, lernt man am besten in der Praxis. Man muss einen Blick dafür entwickeln.
Während die Trauben wachsen, müssen die Triebe immer wieder am Pfahl hochgebunden werden. Außerdem muss alles, was nach außen wächst, eingekürzt werden. Weinreben sind Lianenpflanzen. Wenn man sich nicht um sie kümmert, ufern sie aus.

Nicht zu vergessen die Auflockerungsarbeiten des Bodens im April, das »Grubbern«. Dadurch kommt Luft an den Boden, und das natürliche Bodenleben wird angeregt. Zudem erspart es dem Winzer das Spritzen von Glyphosat. In den Flachlagen, etwa am Kloster Stuben, wo Ulrich Franzen verunglückte, werden bisweilen Begrünungspflanzen gesät. Das dient dem Schutz vor Erosion, außerdem baut sich so leichter Humus auf, was wiederum die Ansiedlung von Nützlingen unterstützt. In Steillagen muss man darauf achten, dass kein Steinschlag entsteht. Dafür werden regelmäßig die Steinmauern kontrolliert.

Ab Mitte April, spätestens Anfang Mai kommt es zum Austrieb – am Calmont manchmal sogar ein wenig früher, weil die sonnenbeschienenen Hänge und der dunkle Schieferboden für mehr Wärme sorgen als andernorts.

Jetzt muss der Winzer besonders wachsam sein, denn es gibt Etliches, das den Reben zur Gefahr werden könnte. Das beginnt mit dem Wildfraß, gegen den man kleine Tüten um die jungen Reben setzt, damit Hasen und Rehe keinen Schaden anrichten können. Außerdem fürchten die Winzer Pilzkrankheiten, etwa den echten und den falschen Mehltau, bei dem sich ein feiner, weißer Belag auf den Pflanzen bildet. Hier kommt der Pflanzenschutz ins Spiel. Gegen Pilzbefall werden vorsorglich organische Fungizide gesprüht – je nach Bedarf zwischen sechs- und achtmal in einer Saison. Außerdem fürchten die Winzer die Kirsch-/Essigfliege, die vor allem im Jahr 2014 große Probleme verursachte. Sie sucht sich Früchte, Obst und Trauben, um darin ihre Eier abzulegen. Die Vermehrung vollzieht sich explosionsartig: Ein Fliegenweibchen sticht die Beerenhaut an und legt zu Lebzeiten 500 bis 1000 Eier in die Trauben. Während die Eier reifen, entwickeln sich in den Beeren Hefen und Bakterien. In der Traube beginnt es zu gären, und es entsteht Zucker, von dem sich die Larven ernähren. Die kleinen Biester können Mikroorganismen wie die Essigsäurebakterien übertragen. Wenn diese in den Wein gelangen, entsteht Essigsäure – und der gute Wein verdirbt. Wenn der Winzer nicht penibel darauf geachtet hat, sich keine Fliegen einzuhandeln, hat er später keine Chance mehr, den Fehler zu beheben. Neben all dem fürchten die Winzer das falsche Wetter: lang anhaltende Hitze, nicht enden wollenden Regen und zerstörerischen Hagel.

Auch der Betrieb im Weingut steht nie still: Der Wein des Vorjahres muss abgefüllt werden. Bei Franzens sind das im Schnitt etwa 70 000 Flaschen pro Jahr. Jede wird einzeln in die Hand genommen, in die Abfüllanlage gestellt und wieder herausgenommen. Dann muss das Etikett angebracht werden. Außerdem muss das Marketing gemacht werden, ebenso wie der Vertrieb, die Buchhaltung, die Werbeveranstaltungen – im eigenen Gut oder auf Messen und Weinausstellungen –, die Kundenmailings und der Postversand.

Im Weinberg wachsen die Trauben derweil weiter. Der Winzer bindet die wachsenden Triebe am Stock nach oben, um ein Abbrechen zu verhindern. Während der Blüte müssen die Wetterbedingungen möglichst optimal sein. Dies entscheidet über die Erntemenge.

Bis Ende August werden die Trauben groß und prall, aber dann sind sie noch hart. Erst in den Wochen danach werden sie weicher, glasig und saftig. Nach der biologischen beginnt die kulinarische Reife. Dabei entscheidet vor allem die Witterung über die Entwicklung der Traube, die Qualität und das Mostgewicht. Um den richtigen Zeitpunkt für die Weinlese zu bestimmen, muss der Winzer große Erfahrung und gute Nerven haben. Jeder Tag, den die Traube länger am Weinstock hängt, zählt. Denn umso länger sie hängt, desto mehr Potenzial und Süße entwickelt sie, desto höher wird der Zucker- und desto niedriger der Säuregehalt. Die Gefahr ist groß, zu früh zu ernten, noch bevor die Traube ihr Maximum erreicht hat. Doch zu lange warten darf der Winzer auch nicht. Sonst kippt es womöglich, und die Trauben beginnen zu faulen.

Um den richtigen Erntezeitpunkt zu erwischen, reicht es nicht, einmal am Tag einen Blick auf die Trauben zu werfen und den Öchslegrad zu messen. Der Winzer muss seine Lagen genau kennen, er muss wissen, wie die Trauben sich an dieser und jener Stelle verhalten, wie die Sonne auf sie wirkt und welche jeweils besonderen Anforderungen sie brauchen. Dafür muss er ständig nach ihnen sehen. Wenn der Reifegrad an der einen Stelle gut ist, dann kann es ein paar Meter weiter ganz anders bestellt sein. Gerade der Calmont ist ein gutes Beispiel dafür, wie unterschiedlich Witterungsbedingungen selbst auf kleinstem Raum sein können. Dort, wo der Berg einen »Knick« macht und die eine Bergseite schon morgens prall von der Sonne beschienen wird, während die andere noch lange im Schatten liegt, findet Kilian Franzen völlig unterschiedliche Bedingungen vor. Die beschienenen Trauben sind längst reif, und die auf der anderen Seite, nur wenige Meter weiter, brauchen noch deutlich länger oder drohen sogar zu faulen, weil die Sonne den Morgentau nicht rechtzeitig getrocknet hat.

Der Winzer muss entscheiden, was er will: Vielleicht einen Gutsriesling mit 11,5 Prozent Alkohol oder doch lieber ein Großes Gewächs, also einen besonders hochwertigen Wein? Wartet er noch einen Tag länger, weil er dann vielleicht noch mal drei, vier Gramm Zucker mehr hat, oder liest er die Trauben jetzt?

Die Lese lässt sich nicht generalstabsmäßig nach einem immer wiederkehrenden Schema planen. Sie verläuft immer anders. In jedem Jahr muss man an einer anderen Stelle anfangen und jeden Tag aufs Neue entscheiden, wo man weitermacht.

Am Calmont ist die Lese eine besondere Herausforderung. Während in den flachen Weinlagen zumeist mit Vollerntern gelesen wird, wird bei Franzens jede Traube per Hand von der Rebe gepflückt und in einen Eimer gelegt. Nur in der Handarbeit können faule und unreife Trauben direkt konsequent aussortiert werden, während der Vollernter einfach alles auf einmal einsammelt – im Zweifelsfall auch die Trauben, in denen sich die Essigfliege breitgemacht hat. Bei der Handarbeit finden nur die besten Trauben Eingang in den Wein.

Wenn die Trauben eingebracht sind, atmet der Winzer erst mal auf. Dann werden sie gekeltert, und der Most kann sich in den Tanks in aller Ruhe zu Wein entwickeln.

Irgendwann legt sich der Schnee auf den Weinberg. Dann herrscht für kurze Zeit die Winterruhe, bevor alles wieder von vorne beginnt. Der Kreislauf des Weines.

KATASTROPHEN

KILIAN Nur wenige Wochen sind seit Papas Tod vergangen. Jetzt, im Herbst 2010, steht die Weinlese an. Unsere erste. Einer unserer Erntehelfer ist Toni. Er ist weit über 70, ein drahtiger Kerl, hart im Nehmen und zäh wie ein Urwaldriese. Seine Hüft- und Kniegelenke sind schon lange hinüber, aber ich habe ihn noch nie jammern gehört. Pausen? Wahrscheinlich weiß er nicht mal, wie man das Wort schreibt. Ganz ruhig steht er da und sieht zu, wie ich versuche, eine mit Trauben voll beladene Hotte – einen großen Korb, den man auf dem Rücken trägt – überzustreifen, um sie den Berg hinunterzutragen. Dabei breche ich fast zusammen.

Toni greift ein: »Junge, du bringst doch selbst nur 70 Kilo auf die Waage, wie willst du da das Ding schleppen?« Mit diesen Worten nimmt er mir die Hotte vom Rücken und streift sie sich selbst über. »Du solltest die Dinger nicht so voll machen.« Und weg ist er, den Berg hinunter.

Ich stehe da und denke nur: »Was für ein Sch...jahr.« Gerade einmal wenige Wochen ist es her, dass wir den Betrieb übernommen haben, und schon jetzt habe ich das Gefühl, dass mir alles zu viel wird. Ich schaffe es ja nicht mal, diese blöde Hotte den Berg hinunterzutragen.

Es fängt damit an, dass wir einige Wochen vor der Ernte feststellen, dass an den Reben viel weniger Trauben hängen als sonst. Ich habe keine Ahnung, woran es liegen könnte. Das Refraktometer, mit dem man den Zuckergehalt misst, zeigt mir, dass mit der Qualität alles in Ordnung ist. Nur die Menge macht mir Sorgen. Dabei haben wir alles so gemacht wie immer. Und noch bevor ich eine Antwort auf meine Frage gefunden habe, kommt auch schon die nächste Katastrophe: der große Regen. Als eines Morgens der Niederschlag einsetzt und die dicken Tropfen gegen die Scheibe prasseln, wirkt der Calmont noch finsterer als sonst. Mama meint noch: »Wenn das anhält, kann es uns die ganze Ernte verderben!« Und sie behält recht.

Als es ein paar Tage später immer noch nicht aufgehört hat, ziehe ich mir meine dicken Wanderstiefel und eine Regenjacke an und gehe raus in den Weinberg. An ein Hochlaufen ist bei dem Wetter nicht zu denken, also setze ich mich auf die Monorack-Bahn, starte den Motor und fahre auf den Schienen nach oben. Alles ist matschig und rutschig, überall läuft das Wasser den Berg hinunter, und der Regen prasselt mir wie verrückt ins Gesicht. Als ich während der Fahrt immer wieder zur Seite schaue und die Trauben begutachte, kriecht mir Angst in die Knochen: Diese sind mehr braun als grün, die ersten schon aufgeplatzt. Alles ist am Faulen.

Sofort rufe ich Onkel Jürgen an. Als wir zwei Stunden später im Weinberg stehen, meint er nur: »Das ist ein Pilz. Die Trauben müssen rein, und zwar so schnell wie möglich!« Auf meine Frage, wo wir am besten anfangen sollen, zuckt er nur mit den Schultern: »Am besten überall gleichzeitig!«

Mit jedem Tag, den die Trauben noch hängen, verlieren wir weiter. Also rufen wir alle zusammen, die irgendwie helfen können: Angelinas Mutter, meine Mutter, ihre Freundinnen, unsere Geschwister, Rentner aus dem Ort und die Nachbarn. Und tatsächlich kommen sie alle und schuften bis an den Rand ihrer Kräfte. Wie Ameisen strömen sie in die Zeilen im Steilhang aus und lesen die Trauben: schneiden sie sorgfältig von den Reben, sortieren aus, was nicht mehr gut ist, und legen die guten Trauben in die Eimer. Beinahe genauso viele, wie sie in die Eimer sammeln, werden aussortiert und landen auf dem Boden.

Wenn die Eimer voll sind, werden sie an den Enden der Zeilen zum Abtransport bereitgestellt. Damit ja nichts in den Eimern bleibt, was den gesamten Wein verderben könnte, prüfe ich am Ende jeden noch einmal selbst.

Die vollen Eimer werden in die Hotten geschüttet. 50 Kilo kann so eine Hotte aufnehmen. Wenn sie voll ist, schnallt man sie sich auf den Rücken, trägt sie die 200 Meter den steilen Berg hinunter und schüttet sie dort kopfüber in den Erntewagen. Und dann läuft man den Berg mit der leeren Hotte wieder hinauf. Das ist echter Hochleistungssport, vor allem hier, am Rande des Abgrunds.

Am liebsten würde ich die Nächte durchpflücken, weil ich Angst habe, dass uns die Ernte unter den Augen wegfault. Aber im Dunkeln lesen geht leider nicht. Also arbeiten wir von Sonnenaufgang bis Sonnenuntergang, unermüdlich, ohne Pause. Drei Wochen dauert die Tortur, und immer habe ich dabei den einen Gedanken im Hinterkopf: Beeil dich, sonst geht alles den Bach runter!

Endlich ist es geschafft, und die Reben sind alle leer gepflückt. Als wir die Keltermaschine, die aus den Trauben den Most macht, abschalten und der Most in den Fässern ist, kommt die Stunde der Wahrheit. Angelina ist gerade dabei, den Boden in der Kelterhalle zu wischen, als ich ihr das ernüchternde Ergebnis mitteile: »24 000 Liter. Mehr ist es nicht.«

Normal wären 50 000. Wir haben nur die Hälfte dessen eingefahren, was wir hätten einfahren müssen.

*

ANGELINA   Trotz der schlechten Ernte versuchen wir, ganz normal weiterzumachen. Keine Ahnung, ob wir einfach naiv oder unbekümmert sind, aber ein »Aufstecken« kommt nicht infrage. Uns tröstet der Gedanke, dass wir uns nichts vorzuwerfen haben, schließlich haben wir alles nach bestem Wissen und Gewissen getan. Sicher, Kilians Vater hätte mit seiner großen Erfahrung vielleicht noch den einen oder anderen Kniff auf Lager gehabt, um das Schlimmste zu verhindern. Aber am Wetter hätte er auch nichts ändern können. Und auch er hätte die Katastrophe kaum aufhalten können.

Uns Winzern geht es wie den Landwirten: Manchmal kann man sich abmühen und schuften, sämtliche Eventualitäten berücksichtigen, immer zur Stelle sein und alles richtig machen – aber wenn das Wetter nicht mitmacht, scheitert man trotzdem.

In diesem Sommer ist doppelt so viel Regen gefallen wie sonst. Allein im August waren es 128 Liter pro Quadratmeter. In anderen Jahren sind es gerade mal 50 Liter. Aber so ist das eben. Wir können es nur hinnehmen und versuchen, das Beste daraus zu machen. Dann muss es eben mit 24 000 Litern Wein im Verkauf gehen. Zum Glück ist auch noch ein wenig Wein aus den beiden Jahren davor am Lager.

Die ersten Wochen nach Ulis Tod ging es darum, die dringlichsten Arbeiten im Weinberg zu erledigen, die Ernte zu sichern und einzubringen. Nachdem das geschafft ist – wenn auch nicht ganz so erfolgreich wie erhofft –, wollen wir uns nun darum kümmern, dass Kilian das Weingut auch offiziell, also rechtlich und formal übernimmt. Wir haben uns genau überlegt, wie wir vorgehen wollen: Mit den Rücklagen und unserem Anteil an Ulis Lebensversicherung wollen wir zunächst Kilians Geschwister auszahlen, damit diese eine solide Grundlage für ihre Ausbildung haben. Wenn dann noch Geld übrig ist, wollen wir dieses in die Erneuerung des Guts investieren. Doch als wir Kassensturz machen, kommt die Wahrheit genauso schrecklich über uns wie der Spätsommerregen: Es sieht ganz und gar nicht rosig aus.

Kilians Papa hat vor Elan nur so gestrotzt, nachdem wir ihm erzählt haben, dass wir das Weingut einmal übernehmen wollen. Damals begann er, alles umzubauen, wollte, dass wir später einen intakten Betrieb übernehmen können. Die Vinothek, die er kurz vor seinem Tod noch renoviert hat, hatte eigentlich nur der Anfang sein sollen. Um Mittel für die Renovierung zu haben, hat Uli seine Lebensversicherung gekündigt. Es konnte natürlich niemand ahnen, dass er wenige Wochen später verunglücken würde. Es steht jedenfalls fest: Geld, das wir auszahlen könnten, ist nicht vorhanden. Ganz im Gegenteil. Stattdessen kommt auch noch das Finanzamt mit Forderungen in fünfstelliger Höhe um die Ecke. Es gibt lauter offene Rechnungen, die Zahlen des Weinguts sind tiefrot. Ernüchtert stellen wir fest: Mit Geld konnte Uli nicht besonders gut umgehen.

Es ist nicht so, dass kein Geld reinkäme. Der Wein, den Uli produziert hat, ist sehr beliebt. In den ersten Monaten machen wir manchmal einen Umsatz von 60 000 Euro. Doch die Kosten fressen den Ertrag gleich wieder auf. Auch wenn wir für uns selbst nicht viel brauchen, benötigen wir doch Geld, damit die Arbeit auf dem Hof weitergehen kann. Vor allem müssen einige Maschinen ausgetauscht werden.

Aber alles Jammern und Bangen bringt nichts, wir müssen das Problem lösen. Als Erstes erstelle ich eine Übersicht über alle unsere Einkünfte und Ausgaben. Damit gehen wir zur Bank. Zum Glück genießt der Name

Franzen dort großes Vertrauen, und so können wir alles in die Wege leiten, damit die Arbeit auf dem Gut trotz der derzeitigen Krise ungehindert weitergehen kann.

Trotzdem wissen wir manchmal kaum, wie wir zu Hause unseren Kühlschrank füllen sollen. Einmal fragt mich Kilian, ob ich schon einkaufen gewesen sei. Und ich antworte trocken: »Nein, wovon auch?« Da müssen wir beide lachen, so traurig die Situation auch ist. Oft laden wir uns bei meinen Eltern zum Essen ein. Es geht schon irgendwie. Für Kilian und mich ist es kein großes Problem, dass wir uns keinen Luxus leisten können. Wir brauchen nicht viel. Auch teure Cremes, Parfums, Nagellack oder modischer Schnickschnack sind mir egal. Und Kilian sowieso. Einmal im Jahr zum Friseur – das muss reichen. Wir sind uns einfach selbst genug. Um uns auf dem Sofa in eine Decke einzumummeln und einen Film zu schauen, braucht man kein Geld. Trotzdem ist es eine Zeit großer Entbehrung.

Nach und nach arbeiten wir uns in alle Abläufe auf dem Weingut ein. Es hilft, dass wir viel mit anderen Winzern sprechen und auf einiges von dem zurückgreifen können, was wir beim Studium in Geisenheim gelernt haben. Viele Dinge strukturieren wir neu, überlegen uns unsere eigenen Vorgehensweisen.

Die Zeit vergeht dabei wie im Flug! Endlich ist das Katstrophenjahr überstanden. Eigentlich kann es ja nur besser werden. Auch wenn es etwas makaber klingt: Dieser Gedanke ermutigt uns.

NEUE WEGE

ANGELINA »Sag mal, wo sind denn deine Eltern?« Ich hasse es, wenn mir diese Frage gestellt wird. Und seit Kilian und ich das Weingut übernommen haben, höre ich sie häufig. Weinkunden kommen ja meist ohne Anmeldung auf den Hof. Sie verlassen sich darauf, dass schon irgendjemand da sein wird. Bislang war es ja schließlich auch immer so. Und Touristen und Durchreisende schauen ohnehin meist spontan vorbei, ungeachtet der Öffnungszeiten. Die Kunden klingeln an der Tür des Wohnhauses, und der Winzer führt sie dann in seine Vinothek, um den Wein zu präsentieren. Die meisten kaufen ein paar Flaschen, und wenn es gut läuft, nimmt auch mal jemand zwei oder drei Kisten mit.

Meistens bin ich es, die sich um die Besucher kümmert. Wenn ich aus dem Haus komme und den Gästen die Vinothek aufschließe, machen sie häufig keinerlei Anstalten, mir zu folgen. Stattdessen beäugen sie mich misstrauisch und fragen: »Sag mal, wo sind denn deine Eltern?« Dann muss ich erklären, dass ich hier die Chefin bin und gemeinsam mit meinem Mann Kilian das Weingut führe. Die Reaktionen darauf sind unterschiedlich, aber eines haben sie in der Regel gemeinsam: ungläubiges Staunen! Viele fragen sich wahrscheinlich, ob sie mir das überhaupt glauben sollen, auch wenn sie natürlich zu höflich sind, das auszusprechen. Meistens fange ich dann einfach an zu erzählen, wie es dazu gekommen ist: von Ulis Unglück, dem abgebrochenen Studium und dem Wagnis, trotz unseres jungen Alters das Ganze zu übernehmen. Und dass es bislang gar nicht so schlecht läuft!

Trotzdem: Manchmal bin ich wirklich genervt davon, mich für mein Alter rechtfertigen zu müssen. »Warum müssen mich die Kunden fragen, wo meine Eltern sind? Ich bin doch kein Kind mehr!«, sage ich einmal zu meiner Schwiegermutter Iris. Ihr gelingt es, mich zu beruhigen und das Ganze aus Sicht der Kunden zu betrachten: Wenn ich auf ein fremdes Gut käme und mir eine Frau in meinem Alter entgegenträte, würde ich ja wahrscheinlich auch nicht davon ausgehen, dass es die Winzerin sei. »In deinem Alter ist man normalerweise Weinkönigin, aber keine Unternehmerin.« Sie hat natürlich recht. Ich scherze anschließend noch darüber, dass ich ja ein großes Infoplakat auf dem Weingut aushängen könnte, das unsere Geschichte erzählt. Dann können sich die Leute schon mal einlesen, bevor sie mich sehen, und ich bräuchte es nicht wieder und wieder zu erklären. Iris lacht nur und meint: »Gute Idee, tu das doch!«

So absurd die Idee auch erscheint, lässt sie mich doch nicht mehr los. Schon häufig habe ich darüber nachgedacht, dass es doch eigentlich schade ist, dass unsere Kunden so wenig darüber wissen, welche Geschichten hinter unserem Wein stecken. Wenn Kilian und ich den Wein trinken, denken wir sofort an all die Dinge, die passiert sind, während die Trauben wuchsen: kaputte Maschinen, Erntehelfer mit Höhenangst, betrunkene Vögel, die sich an den aussortierten Beeren vergriffen hatten, die neuen Weinfässer, die wir schnell noch besorgen mussten, und vieles mehr. Wäre es nicht wirklich toll, unsere Kunden an all diesen Erlebnissen teilhaben zu lassen?

Ich bin ohnehin gerade damit beschäftigt, das Marketing für unseren Wein zu überdenken: die Werbung, die Etiketten und die Broschüren sollen jünger und wesentlich frischer daherkommen. Das gesamte Image will ich verändern.

Und warum sollten wir nicht all die Geschichten erzählen, wie derartig interessante Weine entstehen? All das, was sich drum herum abgespielt hat? Wenn uns das gelänge, würde der Wein für die Kunden individueller und letztlich unverwechselbar werden. Bis jetzt ist es ein guter Wein – mehr wissen sie nicht.

Mir schwebt eine schöne Präsentation des Weins vor, die man lesen kann wie ein gutes Buch! Okay, das wäre vielleicht zu umfangreich, aber wenigstens ein Poster soll es sein, das wir unseren Auslieferungen beilegen können.

Als ich Kilian abends von meiner Idee erzähle, reagiert er so, wie man es in der Familie Franzen gerne macht. Seine Antwort ist kurz und knapp: »Ja, mach das doch!«

Meiner Begeisterung tut das keinen Abbruch. »Weißt du, eigentlich machen wir damit nichts anderes als damals deine Eltern. Während die anderen Winzer auf jeder Weinmesse ihre Kataloge präsentiert haben, haben sie den Leuten von der Geschichte des Calmont erzählt und damit mehr Menschen begeistert als alle anderen«, erinnere ich ihn. »Jetzt stell dir mal vor, es gelingt uns, den Leuten klarzumachen, was der Wein für uns bedeutet: wie viel Leidenschaft und Herz wir investieren. Wie wir uns darum mühen, das Beste herauszuholen. Wie wir auf den steilsten Hängen unterwegs sind, damit dort etwas wirklich Besonderes wachsen kann. Wenn sie unseren Wein schmecken, dann sollen sie auch wissen, wie er entstanden ist.«

Gemeinsam mit einer Werbeagentur, die uns ein Freund empfohlen hat, machen wir uns daran, die Idee umzusetzen. In kurzen Sätzen erzählen wir den Kreativen, was bei uns alles so los ist – und sie verpacken dies in witzige Bilder, die die Aufmerksamkeit des Betrachters wecken. Zusammen mit der Agentur gehen wir auch die verstaubten Etiketten der Weine an. Wir wollen versuchen, uns von der Masse der traditionellen Qualitätsweine, die überall angeboten werden, abzusetzen und neue Zielgruppen zu erschließen.

Für unsere Weine kreieren wir nun auch frische, junge Namen. Einer dieser Weine, das ahnen wir natürlich

Blick vom Calmont auf die Mosel, Bremm und das Kloster Stuben

Der Blick vom Calmont, festgehalten auf einer alten Postkarte

Angelina und Kilian in ihrem Weinberg

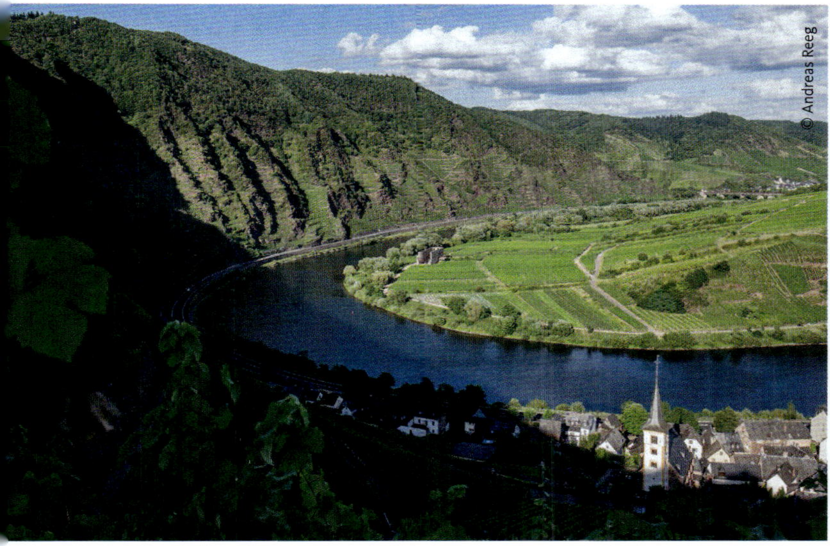
© Andreas Reeg

selbe Ausschnitt heute

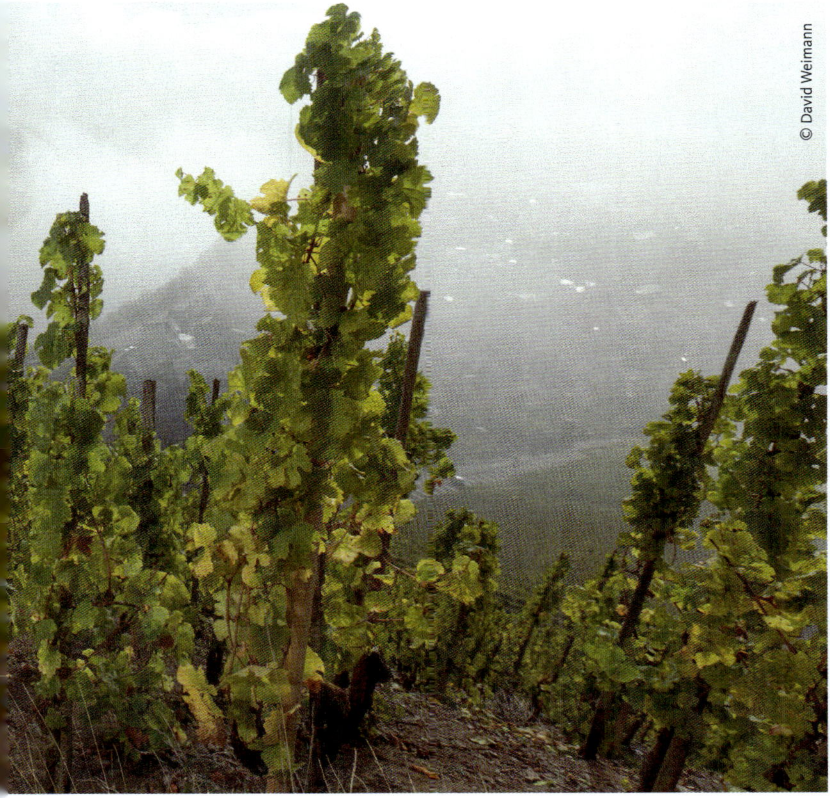
© David Weimann

Uli Franzen mit Helfern bei der Rekultivierung des Calmont

an als Jugendlicher mit Vater Uli und Schwester Verena

weinlese

Iris Franzen an ihrem Lieblingsplatz auf dem Calmont

lz präsentiert Uli Franzen seinen Wein

ster Stuben – ein ehemaliges Augustiner-Chorfrauen-Stift aus dem 12. Jahrhundert

»Wenn, dann jetzt.« Angelina und Kilian am Tag ihrer Trauung

Familienglück mit Tocher Emilia

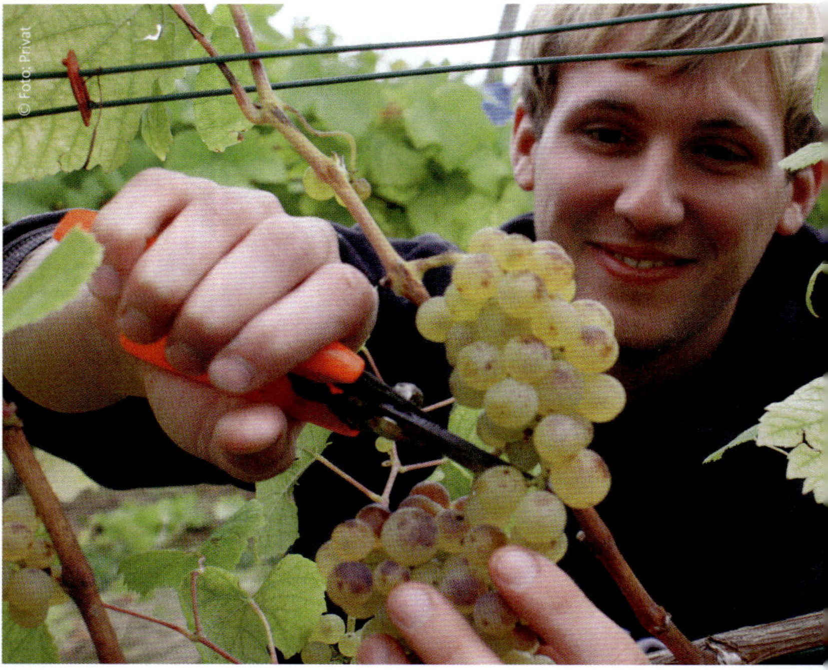
© Foto: Privat

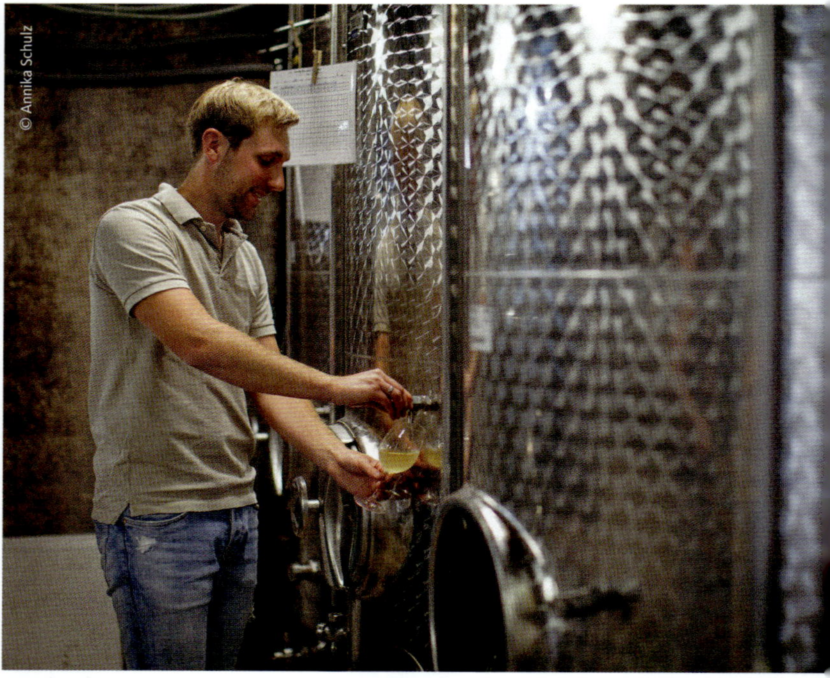
© Annika Schulz

Kilian im Keller des Weingutes beim Probieren des Weines

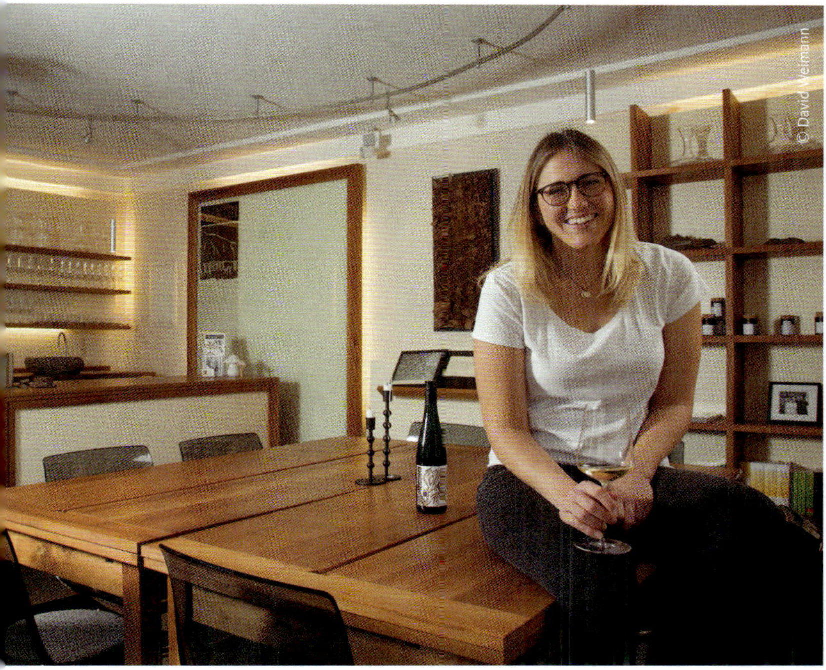

elina in der renovierten Vinothek

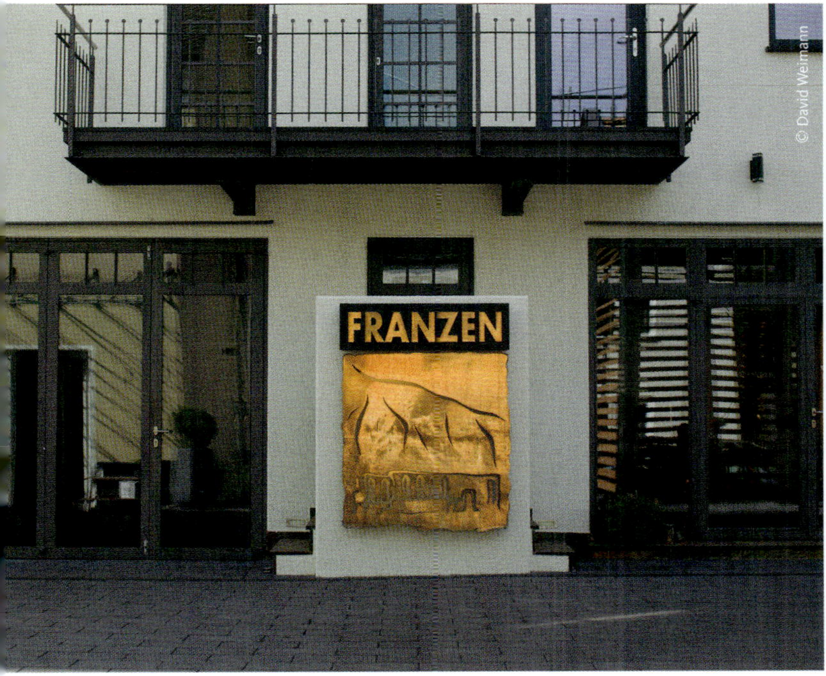

Weingut Franzen heute

Weinlese am steilsten Weinberg Europas

Kilian mit vollbeladener Hotte bei der Weinlese

eihung des falstaff-Preises 2018

lgswein von Angelina und Kilian: Der Sommer war sehr groß

noch nicht, wird besonders erfolgreich sein. Wir nennen ihn: »Der Sommer war sehr groß«. Eine Zeile aus dem Rilke-Gedicht, das Kilian und ich uns damals an unserem ersten Abend wechselseitig vorgetragen haben. Gleichzeitig bringt die Zeile meine Idee auf den Punkt: Fünf Wörter erzählen eine ganze Geschichte. Und wir lassen unsere Kunden an dem teilhaben, was uns bewegt.

Wenige Wochen später halte ich das erste fertig gestaltete Plakat in den Händen und bin einfach überwältigt, wie gut es gelungen ist! Die erste Zeichnung zeigt durchgestrichene Isomatten und Schlafsäcke. Wir erzählen von unserem ersten Hotelurlaub, den wir uns vor Kurzem gegönnt haben. Daneben steht: »*Angelina, 21, Kilian, 24. Erster Urlaub im Hotel.*« Wir hatten eine tolle Zeit.

Die nächste Zeichnung zeigt das Bild eines Traktors, aus dessen Reifen die Luft entweicht. Text: *PFFFFFFFHHHHHHHH FFFFHHHHH FFHHHH FH – Reifen hinten: 6. Mai, 8.11 Uhr. Reifen hinten: 15. Juni, 21.09 Uhr. Reifen vorne: 2. Februar. Weiß nicht mehr genau, vielleicht um 13 Uhr.*

Weitere Bilder erzählen davon, wie Kilian im Mai die Stiefel kaputtgegangen sind – zu sehen ist ein Berg in Form des Calmont, große Augen und riesiger Mund. Gerade verleibt er sich genüsslich das Schuhwerk ein –, und von unserem Besuch im Legoland. Die Faszination für Lego hat Kilian nie verlassen. Das hat sicher mit den Bauwerken seines Vaters zu Weihnachten zu tun.

Ein anderes Motiv zeigt eine platzende Flasche. Das sieht ziemlich lustig aus, die Geschichte dahinter ist es eher nicht. Das Unglück ist mir beim Abfüllen passiert. Weil mein Finger ziemlich stark geblutet hat, habe ich Kilian angerufen, ob er aus dem Weinberg nach Hause kommen könne, um mich zum Arzt zu fahren. Der dachte sich aber nur: »Wegen eines blutenden Fingers? Soll sie doch ein Pflaster draufkleben!«

Als er nach dem zweiten Anruf immer noch nicht gekommen ist, bin ich rüber zur Nachbarin, um mir Hilfe zu holen. Die wäre fast in Ohnmacht gefallen, als sie die offene Wunde gesehen hat. Sie hat dann ein Küchentuch darumgewickelt und mit mir gewartet, bis Kilian endlich nach Hause kam. Zwölf Stiche waren nötig, um die Wunde zu schließen. Leider war der Arzt etwas übereifrig und hat sie zugenäht, bevor er alle Splitter rausgeholt hatte. Ich meinte noch zu ihm, dass ich glaube, dass da noch was drin sei. Hat er mir nicht geglaubt. Also musste sie am nächsten Tag noch mal aufgemacht werden.

Wir berichten auch, wie wir fünf Wochen lang schuften mussten, um eine eingefallene Trockenmauer wieder aufzubauen. Das war wirklich harte Arbeit.

Ganz bewusst ist es eine Mischung aus Weinberggeschichten und solchen aus unserem Leben. Wir wollen, dass die Menschen das Gefühl haben, dass wir sie teilhaben lassen an dem, was uns bewegt. Denn für uns gehört beides zusammen: Arbeit und Leben. Das eine ist untrennbar mit dem anderen verbunden. Das Weingut war noch nie nur ein Job zum Lebensunterhalt.

Die Idee, die Geschichte zu dem Wein zu erzählen, war jedenfalls genau richtig. Und was die Agentur dann daraus gemacht hat – wirklich Wahnsinn!

Wie die Idee wohl bei den Leuten ankommt? Besonders wichtig ist mir zunächst die Meinung von Kilians Oma Agnes. Die ist zwar schon über 90, denkt aber immer noch total modern. Nachdem ich ihr das Plakat gezeigt habe und sie es sich in Ruhe angesehen hat, herrscht erst mal ein paar Sekunden lang absolute Stille im Raum. Was folgt jetzt?

Ich bin wirklich nervös. Dann schaut Agnes mich an und lächelt: »Das ist wunderbar. Darf ich das behalten?«

Da ist mir klar: Das Plakat funktioniert. Man bleibt an den Bildchen hängen. Die Menschen werden künftig wissen, welche Geschichten hinter unserem Wein stehen. Und wer hinter unserem Wein steht.

Seitdem werde ich auch nur noch sehr selten gefragt: »Wo sind denn deine Eltern?«

KILIAN Eigentlich ist es ganz witzig: Aus einer Sache, die Angelina anfangs einfach nur auf den Keks gegangen ist, entsteht der Impuls, neue Wege zu gehen. Auch wenn meine Begeisterung anfangs zurückhaltend ausfällt, merke ich, je länger ich darüber nachdenke, wie viel Potenzial in der Idee steckt. Dem Wein durch Geschichten einen eigenen, individuellen Anstrich zu geben, hebt ihn klar aus der Masse heraus.

Mir ist aber auch klar: Wenn wir schon beginnen, unseren Wein ganz anders zu präsentieren und gute Geschichten dazu zu erzählen, dann muss auch der Geschmack außergewöhnlicher und individueller werden: Es braucht einen viel stärkeren, eigenen Charakter.

Deshalb entscheiden wir bald darauf, uns vom herkömmlichen Gärprozess zu verabschieden. Die meisten Winzer setzen dem Most speziell gezüchtete Hefen bei. So hat es auch Papa all die Jahre gehalten. Diese Hefen stellen zwar sicher, dass der Gärprozess rasch einsetzt, führen allerdings auch zu einer Uniformierung des Geschmacks, da fast alle Winzer die gleichen Substanzen nutzen. Wir entscheiden: Es gibt keine Zugabe von sogenannten Reinzuchthefen mehr. Stattdessen soll die Gärung nur noch durch die im Weinkeller natürlich vorkommenden Hefekulturen erfolgen. Zum Glück hat Benny Angelina ja rechtzeitig davon abgehalten, diese mit dem Dampfreiniger brachial zu entfernen.

Der Einsatz der natürlichen »Spontangärung« würde unseren Wein von anderen unterscheiden. Denn die natürlichen Hefen sorgen dank ihrer eigenen Mikroflora für einen unverwechselbaren Geschmack.

Das Ganze ist allerdings nicht ohne Risiko. Bei diesem Verfahren dauert es nämlich länger, bis der Gärprozess in vollem Gange ist. Und bis dahin kann viel passieren. Fehlgärungen zum Beispiel. Das ist schrecklich. Dann riecht und schmeckt der Inhalt der Fässer muffig, alles muss entsorgt werden. Um dies zu vermeiden, müssen wir die Trauben noch sorgfältiger als bisher selektieren. Das bedeutet noch mehr Arbeit. Aber trotzdem sind wir sicher: So machen wir es.

Der Wein soll auf natürliche Weise reifen. Wir nehmen es, wie es kommt. Dann steht der Wein vielleicht auch mal zwei Wochen im Tank, ohne dass sich etwas regt. Wir wollen ihm seinen eigenen Weg lassen, damit der Geschmack eine eigene Geschichte erzählt. Ich bin total davon überzeugt, dass der Wein auf diese Weise vielschichtiger und komplexer, überraschender und filigraner ausfallen wird – eben einfach unverwechselbar, so wie der Calmont. Eine echte Persönlichkeit.

Außerdem hat das zur Folge, dass der Wein letztlich leichter wird und weniger Alkohol hat. Und das ist ohnehin ein Trend.

Als Benny von der Idee mit der Spontangärung hört, macht er uns eines der schönsten Komplimente, die wir je bekommen haben: »Ihr habt hier auf dem Gut inzwischen mehr gelernt als während des ganzen Studiums in Geisenheim. Uli wäre stolz auf euch.«

*

Nachdem unsere erste Ernte eine echte Katastrophe war, scheint es in diesem Sommer besser zu laufen. Das Wetter ist schön durchwachsen: heiß, aber nicht zu heiß, und zwischendurch fällt der nötige Regen. Voller Optimismus denke ich an nichts Böses, als sich im August plötzlich riesige Wolkenberge auftürmen. Der Horizont ist schon seit Tagen verhangen, und dass es bald regnen wird, ist klar. Aber als sich dann die Schleusen des Himmels öffnen, während ich auf dem Weingut in der Halle arbeite, werde ich unruhig. Es klingt nicht nach Regen, sondern es ist viel lauter. Es trommelt aufs Hallendach, es klirrt in den Vorgärten. Der Blick aus dem Fenster bestätigt den Verdacht: Tatsächlich sind es dicke Hagelkörner, die da auf den Boden prasseln und sich überall zu kleinen Eisbergen häufen.

Als ich direkt nach dem Unwetter durch die Zeilen in einem unserer Weinberge laufe, kann ich es nicht fassen: Ein ordentlicher Teil der Trauben ist zerstört – aufgeplatzt, zumindest angeschlagen und beschädigt.

Gerade nach der Erfahrung des vergangenen Jahres bekomme ich Panik. Doch so schlimm, wie es im ersten Moment aussieht, wird es nicht. Dazu trägt auch die Tatsache bei, dass das Wetter nach dem Hagelschauer wieder genauso beschaulich wird wie zuvor. Die Zeit bis zur Ernte verläuft nahezu perfekt. Vor allem bekommen die Trauben noch ordentlich Sonne ab. Bei der Lese im Herbst laufe ich nur mit Badehose und Wanderstiefeln im Hang umher. Und am Ende des Jahres stellen wir glücklich fest: Wir haben mehr als doppelt so viel geerntet wie im Jahr zuvor: 66 000 Liter. Erleichtert atmen wir auf.

Die gute Ernte gibt uns auch finanziell einen etwas größeren Spielraum. Allmählich beruhigt sich die Lage, und wir geraten in ruhigeres Fahrwasser.

WO IST BRUCE WILLIS,
WENN MAN IHN MAL BRAUCHT?

ANGELINA   Die neuen Wege, die wir bei der Vermarktung unserer Weine eingeschlagen haben, zeigen erste Erfolge. Viele Bestellungen kommen, und sie fallen größer aus. Die Absätze nehmen stetig zu, und wenn ich die eingehenden Mails lese und am Telefon mit unseren Kunden spreche, merke ich, wie immer öfter auch junge Leute darunter sind. Das freut uns natürlich. Wie zur Bestätigung beschließt eines der coolsten Restaurants in München, der »Gesellschaftsraum«, unseren Wein auf die Karte zu nehmen. Und tatsächlich war es das ungewöhnliche Etikett, über das sie auf uns aufmerksam geworden sind.

Kilian und ich fahren zusammen hin, um ein Bild davon zu bekommen, wo unser Wein ausgeschenkt wird. Das Restaurant ist wirklich etwas ganz Besonderes: schicker Look im Industriedesign und stylishe Bullaugen, durch die man den Köchen in der Küche zuschauen kann. Wie kleine Kinder freuen wir uns, als wir auf der Karte ein Dessert mit Ahoi-Brause entdecken.

KILIAN In diesem Jahr gibt es sehr spät noch Frost. Dadurch werden viele Früchte im Wald zerstört, was zu einem Versorgungsnotstand bei den Tieren führt. Also machten sich Vögel und Wildschweine auf die Suche nach alternativen Nahrungsquellen – und werden ausgerechnet bei uns im Weinberg fündig. Als ich den Schaden begutachte, kann ich nur ratlos den Kopf schütteln. Auch in diesem Jahr geht es nicht ohne Katastrophe ab. Vor zwei Jahren hatten wir ohnehin kaum Trauben, und das, was wir hatten, wurde im Dauerregen zermatscht. Im vergangenen Jahr zerstörte der Hagel innerhalb von wenigen Minuten einen ordentlichen Teil der Ernte – und nun fressen die Tiere vieles weg. In manchen Weinbergen haben die Tiere gar nichts stehen gelassen. Ein kompletter Kahlschlag.

Auch diesmal überkommt mich das Gefühl der Ohnmacht. Gegen Wildeinfall kann man nur wenig machen. Die jungen Reben werden durch eine Tüte geschützt, die verhindert, dass das Wild herankommt. Aber später, wenn sie gewachsen sind, geht das nicht mehr. Dass sich eine Elster mal eine Traube holt, manchmal sogar ganz frech während der Lese, das ist ja okay. Aber dass der Weinberg komplett leer gefressen wird – das macht mich einfach fassungslos.

Zum Glück sind nicht alle Weinberge betroffen.

ANGELINA   Gerade wenn man wieder etwas schiefgeht – und wie wir in diesen Wochen lernen müssen, gehört das zum Winzerdasein einfach dazu –, ist es gut, sich daran zu erinnern, dass der Weinberg nicht alles ist. Dass es Dinge gibt, die wichtiger sind als das Weingut. Unsere Beziehung zum Beispiel.

In diesem Sommer feiern Kilian und ich Jahrestag. Inzwischen sind wir seit genau zehn Jahren ein Paar. Es fühlt sich an, als hätten wir unser gesamtes Leben miteinander verbracht, als wären wir nie ohne den anderen gewesen.
Natürlich: Die Schmetterlinge im Bauch sind nach so vielen Jahren weg. Aber Schmetterlinge im Bauch zu haben, ist ja eigentlich auch gar kein sooo gutes Gefühl. Es ist zwar aufregend, aber auch anstrengend. Überall kribbelt es, man kann manchmal kaum etwas essen, ist ständig in Sorge, ob die Liebe auch hält. Und wieder und wieder muss man sich vergewissern, dass der andere einen noch mag. Die Verlustängste sind fast ebenso groß wie die Freude darüber, den anderen gefunden zu haben.

Die Beziehung, die wir jetzt haben, ist viel besser. Ich würde sie gegen nichts in der Welt eintauschen wollen. Da ist diese unglaubliche Vertrautheit. Ich weiß eigentlich zu jedem Zeitpunkt, was Kilian denkt. Über vieles müssen wir gar nicht erst sprechen, weil wir ja eh wissen, wie der andere tickt und was er will. Wir kennen uns in-

und auswendig: unsere Stärken, unsere Sorgen, unsere Hoffnungen und Schwächen. Und wir müssen uns nicht mehr ständig um die Liebe des anderen bemühen, können einfach so sein, wie wir sind. Das ist viel wert und entspannt so einiges.

Meist sind wir jeden Tag zusammen, und das fast rund um die Uhr. Das Erstaunliche ist, dass wir uns trotzdem nicht auf die Nerven gehen. Für uns ist es ein perfekter Tag, wenn wir uns sehen und außerdem mit der Familie zusammen sind. Bei vielen Paaren ist es ja so, dass sie froh sind, wenn der andere mal aus dem Haus ist und sie ihre Ruhe haben. Für uns unvorstellbar.

Aber natürlich sind es zwei verschiedene Dinge: zusammen am gleichen Ort zu sein und wirklich Zeit füreinander zu haben. Im Alltag auf dem Weingut hat jeder von uns seine Aufgaben. Wir laufen uns oft über den Weg, aber die Zeit ist knapp, der Betrieb muss laufen. Wirklich Zeit für den anderen haben wir nur, wenn wir einmal in Ruhe verreisen oder zumindest nicht arbeiten.

In diesem Sommer gönnen wir uns einen Abstecher nach Sierksdorf an der Ostsee. In ein kleines Häuschen direkt am Strand. Eigentlich verbringen wir die meiste Zeit damit, uns richtig auszuschlafen und lecker Fisch zu essen. Dass wir das gute Essen derart genießen, hat seinen Grund auch darin, dass es zu Hause mit warmem Essen gerade nicht allzu weit her ist.

Gerade sind wir vom Hinterhaus des Weinguts, in dem früher Kilians Großeltern lebten, ins Haupthaus umgezogen. Kilians Mama hat dort bis jetzt gewohnt. Wohnen und renovieren – das funktioniert gleichzeitig nicht so gut. Es lebt sich schlecht in Räumen, in denen alle Möbel eng aneinander an der Wand entlang gestapelt sind und man nicht auf den frisch verlegten Boden treten darf. Wir haben fast keinen Rückzugsraum, und eine Küche gibt es auch nicht, jedenfalls keine, die wir nutzen können.

Den Begriff Küche definiere ich gerade ohnehin neu: eine Mikrowelle mit Backofenfunktion und ein Wasserkocher – das ist alles, was wir haben. Ich bin wirklich nicht sehr anspruchsvoll, aber das ist selbst mir zu wenig. Jedenfalls kommt derzeit bei uns nichts auf den Tisch, was im Topf gerührt oder in der Pfanne gewendet werden muss, sondern nur Dinge, die man wahlweise warm machen oder mit heißem Wasser übergießen und dann in sich hineinschaufeln kann. Der Inhalt aus den Einwegplastikbehältern sieht zwar meistens ähnlich aus wie auf der Verpackung – aber geschmacklich macht es eher den Eindruck, als sei er selbst die Verpackung. Wenn ich mir vorstelle, dass es Leute gibt, die sich fast nur von so etwas ernähren ... Kein Wunder, dass Kilian regelmäßig in sein Verhalten aus Studienzeiten zurückfällt und sich von Erdnussflips ernährt.

KILIAN Nach dem Schreck mit den Wildschweinen und dem Tierverbiss bin ich eigentlich zuversichtlich. Schließlich haben wir die Katastrophe für dieses Jahr schon durch. Leider scheint der Weinberg die Regel, nach der immer nur ein Unglück pro Jahr erlaubt ist, nicht zu kennen. Kurz vor der Lese ruft ein Nachbar an: »Kilian, der Weinberg am Neefer Frauenberg ist zerbombt!« Mir ist direkt klar, was er meint: Steinschlag. Als ich hinfahre, um den Schaden zu begutachten, ahne ich nichts Gutes. Ein Brocken von der Größe eines Kühlschranks hat die Monorack-Bahn zerstört – und das wenige Tage vor Beginn der Lese. Wir haben größte Mühe, das Ding rechtzeitig wieder zu reparieren. Außerdem hat der große Felsbrocken gemeinsam mit einigen kleineren Kollegen 56 Reben zerstört. Das Ganze erinnert mich ein bisschen an den Film Armageddon mit Bruce Willis, wo ein Komet auf die Erde zurast und erst in letzter Sekunde vom Helden gesprengt wird. Wo ist Bruce Willis, wenn man ihn mal braucht?

Der Ertrag in den Gebieten, die von den diesjährigen Katastrophen verschont wurden, ist zum Glück wirklich gut. Immerhin 46 000 Liter haben wir am Ende zusammengetragen.

AUSBAU

KILIAN Statt nur auf die äußeren Umstände und verschiedene Unglücke zu reagieren, sind wir nun immer mehr in der Position, die Dinge selbst zu gestalten. Auch wenn die Schwierigkeiten nicht ausbleiben, werfen sie uns nicht so weit zurück, dass wir nicht mehr handlungsfähig wären. Nach und nach schwimmen wir uns frei, und es tut gut zu sehen, wie das Weingut wächst und Kontinuität in unser Schaffen kommt.

So können wir im Frühjahr 2013 ein Projekt angehen, das zunächst zwar viel Arbeit macht aber langfristig zu einer leichteren Bewirtschaftung der Weinberge führt: die Umstellung eines größeren Weinberges von der Einzelpfahl-Erziehung auf Drahtrahmen. Einzelpfahl-Erziehung hat Tradition im Weinanbau an der Mosel und ist gerade bei der Bepflanzung von Felsen und kleineren Parzellen leichter umzusetzen. Bei dieser Methode ranken sich die Weinreben jeweils an einem eigenen Pfahl nach oben. Das Problem ist, dass Pflege und Lese der Trauben dadurch wesentlich zeitaufwendiger sind.

Bei der Drahtrahmenmethode werden Metallpfähle zwischen die Reben gesetzt – allerdings nicht einer pro Pflanze, sondern deutlich weniger. Zwischen den Pfählen wird ein Draht gespannt, an dem die Pflanzen festwachsen. Das arbeitsintensive Hochbinden der Reben entfällt, und die Konstruktion mit dem Draht erleichtert das Entlauben der Pflanzen. Aber der größte Vorteil ist, dass die Trauben auf diese Weise viel mehr Sonne tanken können.

Mit der Umstellung sind wir von Januar bis März beschäftigt. Jede Menge Pfähle müssen erst einmal gezogen, andere für die Drahtrahmenkonstruktion neu gesetzt werden. Nur die Aussicht darauf, langfristig besser arbeiten zu können, lässt uns durchhalten.

Auch im Wohnhaus haben wir uns zu einer erst langfristig rentablen Investition entschieden: dafür, die alten Nachtspeicheröfen auszumustern und stattdessen einen neuen Holzofen einzubauen. Auch wenn uns das unser gesamtes Erspartes kostet, wir machen es. Vor allem unser alter Kater freut sich darüber und sitzt seitdem sogar im Sommer vor dem Ofen – immer in der Hoffnung, dass er warm wird. Auch sonst ist einiges in Bewegung gekommen. Unser neues Marketing zeigt Wirkung. Journalisten werden auf uns aufmerksam und wollen mehr wissen.

*

ANGELINA   Wow! Der bekannte Weinjournalist Stuart Pigott hat sich zum Besuch bei uns angekündigt. Für seine Fernsehsendung »Weinwunder Deutschlands« reist er durch die großen Weinregionen Deutschlands und besucht ausgewählte Winzer auf ihrem Hofgut. Der Besuch ist eine ganz besondere Auszeichnung. Denn die Serie ist mit die beste zum Thema Wein im deutschen Fernsehen überhaupt – und natürlich bringt es uns eine Menge zusätzlicher Aufmerksamkeit.

Als es so weit ist und Stuart Pigott mit seinem Team vor Ort im Calmont drehen will, taucht unerwartet ein Problem auf: Der Mann hat Höhenangst. Aber am Ende nimmt er ganz tapfer in der Monorack-Bahn Platz und lässt sich den Weinberg hochkutschieren.

Immer wieder kommt es auch vor, dass wir Anfragen von Fernsehteams bekommen. Manche unserer Nachbarn und Freunde sind darüber erstaunt. Mich wundert es eigentlich nicht: Eine derart imposante Weinlandschaft, mit beeindruckenden Tälern und steilen Felshängen, gibt es in Deutschland kein zweites Mal. Dieses Mal klopft das Produktionsteam der bekannten Dokuserie »Terra X« bei uns an. Man hat von der tollen Kulisse gehört und will unbedingt einen Drehtermin vereinbaren.

Die Begeisterung des Fernsehteams bekommt allerdings einen Dämpfer, als man vor der Herausforderung steht, eine eineinhalb Meter große Drohne auf den Berg zu bekommen, die für die Luftaufnahmen benötigt wird. Für einen Transport mit der Monorack-Bahn ist das Teil leider viel zu groß. Deshalb bleibt Kilian und einigen Helfern nichts anderes übrig, als das unhandliche Gerät den Berg hinaufzutragen. Aber was tut man nicht alles, damit auch andere die Schönheit dieser Gegend kennenlernen können – und sei es auch nur auf dem Bildschirm?

Das alles ist für uns natürlich total aufregend und schön, es ereignet sich mehr, als wir je eträumt haben. Und das Leben hat noch eine weitere Überraschung für uns parat ...

*

KILIAN »Kaufen Sie sich doch morgen mal den FOCUS!« Die Frau am Telefon, die uns an diesem Sonntagabend anruft, ist mir völlig unbekannt. Sie stellte sich als eine der 16 Juroren vor, die für das bekannte Magazin die besten Rieslingweine Deutschlands suchen. 700 Tropfen hat man getestet und bewertet, erzählt sie mir. Und dann kommt es: »Ihr Wein ist unter den Top Ten!«

Das wäre zu schön, um wahr zu sein. Aber der Anruf war echt. Und die nette Dame hat ja direkt gesagt, dass man es im FOCUS nachlesen kann. Ich ziehe also gleich am nächsten Morgen los, um mir eine Ausgabe zu besorgen. Als ich an einer Tankstelle fündig werde, suche ich noch vor dem Bezahlen den Bericht. Auf Seite 142 werde ich fündig: Wir sind tatsächlich in der Rubrik »Bester trockener Riesling« aufgeführt. Allerdings hat die Dame am Telefon etwas untertrieben: Wir sind nicht nur unter den Top Ten, sondern sogar ganz oben. Ich kann es kaum glauben, als ich es lese: »Platz 1: 2012er Bremmer Calmont Riesling trocken – Weingut Reinhold Franzen, Bremm/Mosel.«

Diese Auszeichnung ist eine wunderbare Bestätigung, dass der neue Weg, den wir eingeschlagen haben, richtig ist. Es geht um viele Faktoren, die alle zusammenwirken. Das Risiko, das wir mit der unorthodoxen Eigengärung eingegangen sind, die extreme Sorgfalt bei der Auslese der Beeren und natürlich die besonderen Bedingungen, die hier am Calmont herrschen. All das spielt zusammen. Und natürlich trägt auch das eigenwillige Marketing Früchte. Immer mehr Menschen werden auf unseren Wein aufmerksam und entdecken, dass sie bei uns etwas ganz Besonderes bekommen können. Für uns ist diese Auszeichnung eine echte Ermutigung, an unserem eingeschlagenen Weg festzuhalten.

Angelina ist völlig aus dem Häuschen, als ich mit dem Magazin nach Hause komme. »Schau mal, Kilian, wir sind mit 11,50 Euro sogar beinahe der

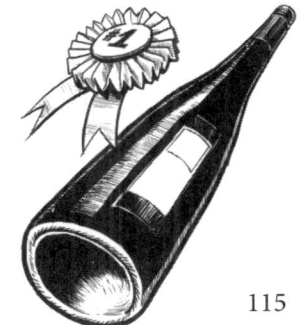

günstigste Wein in dieser Liga«, freut sie sich, nachdem sie den Artikel gelesen hat. »Die anderen auf der Liste sind fast alle teurer: 14,50 Euro, 25 Euro, 38 Euro – das ist doch verrückt.«

Von jetzt an steht unser Telefon nicht mehr still: Eine Bestellung nach der anderen kommt herein.

*

ANGELINA   Über die Jahre erleben wir, dass viele es spannend finden, über unsere Arbeit im steilsten Weinberg Europas zu berichten. Der »Feinschmecker« schreibt in einem großen Artikel über die kräfteraubende Arbeit im Weinberg, die »Welt am Sonntag« setzt die Überschrift: »Steiler geht's nicht!« über ihren Artikel. Und eine Reportage im Magazin der Deutschen Bahn sorgt bundesweit für Aufmerksamkeit. Viele Touristen machen in der Folge einen Abstecher zu uns aufs Gut. Wir sind dafür einfach nur dankbar.

WENN, DANN JETZT

ANGELINA Für Kilian und mich ist klar, dass wir irgendwann heiraten werden, aber in all den Brüchen und Neuanfängen der letzten Zeit haben wir es einfach nicht geschafft, uns damit zu beschäftigen. Zwischen uns ist ja auch so alles klar: Wir sind seit über zehn Jahren zusammen, gemeinsam durch schwierige Zeiten gegangen – eigentlich sind wir längst ein Ehepaar. Nur die offizielle Beglaubigung fehlt noch. Den Anstoß gibt, so seltsam es klingt, ein Gespräch mit unserem Steuerberater, der uns freundlich, aber bestimmt darauf hinweist, dass uns auch in finanzieller Hinsicht einiges entgeht, wenn wir weiterhin unverheiratet unterwegs sind.

Als wir wieder alleine in unserer Wohnung sind, schaue ich Kilian an und sage: »Wenn, dann jetzt!«

Er lächelt und stimmt zu, und damit ist es beschlossen: Wir werden noch in diesem Jahr standesamtlich heiraten.

»In diesem Jahr…« Das klingt nach einem weiten Feld voller Möglichkeiten. So, als wäre das Jahr noch jung. Aber es ist bereits Anfang Dezember. Wieder einmal setzen wir alles auf eine Karte.«»Wenn, dann jetzt!« Innerhalb einer Woche erstellen wir die Gästeliste, verschicken die Einladungen und klären durch einen Anruf beim Standesamt, dass der Termin noch möglich ist, und bereiten Einladungspostkarten vor.

Als Motiv wählen wir das Bild eines alten Ehepaares. Der Mann steht auf einer Leiter, die von der Frau gehalten wird. Dazu die Sprechblase: »Wenn, dann jetzt.«

Ja, der Termin ist knapp vor den Weihnachtstagen und ziemlich ungewöhnlich. Die meisten unserer Freunde und Verwandten sagen dennoch direkt zu. Eine große Feier soll es nicht geben, geplant ist eine Zusammenkunft mit den engsten Freunden und der Familie bei uns zu Hause. Wer unsere Trauzeugen werden sollen, ist uns sofort klar. Kilian wählt seinen besten Freund Tobi aus, der schon damals bei der Schulfeier an der Grillhütte und später auf dem Sportplatz mit dabei war, als wir zusammengekommen sind. Meine Trauzeugin wird meine Kindergartenfreundin Julia.

Trotz der vielen Arbeit auf dem Gut fahren Kilian und ich noch in der gleichen Woche eine Stunde mit dem Auto nach Koblenz, wo wir unsere Eheringe aussuchen. Jeder lässt für den anderen eine Gravur im Ring anbringen, deren Text wir uns aber erst auf der Hochzeit zeigen werden.

Als ich denke, dass nun alles vorbereitet ist, fällt meiner Mutter noch eine Kleinigkeit ein, die ich vergessen habe: »Du hast ja noch gar kein Hochzeitskleid!«

Stimmt!

Meine Freundinnen sind schon Monate vor ihrer Hochzeit durch Brautmodengeschäfte gepirscht und haben unzählige Kleider in allen möglichen Variationen anprobiert – mit und ohne Schleier, mit Corsage oder langen Ärmeln, in Schnee- oder in Cremeweiß. Dabei hatten sie immer einige Freundinnen im Schlepptau, die Prosecco schlürften, während sie Entscheidungshilfe leisteten. Ich habe mir noch nie besonders viel aus Kleidern gemacht und keine Lust auf so ein Prozedere – ganz abgesehen davon, dass die Zeit drängt. Deswegen bestelle ich mir einfach 15 verschiedene Modelle im Internet, probiere sie zu Hause an, behalte das schönste und schicke die anderen 14 Kleider zurück.

Unser Plan, heimlich, still und leise nur mit den engsten Freunden und der Familie zu heiraten, geht natürlich überhaupt nicht auf. Wir kennen dafür viel zu viele Menschen. Vor der Hochzeit melden sich immer mehr Leute, die mit uns feiern wollen. Am Ende sind es mehr als 60. Eigentlich haben wir ja geplant, nach dem Standesamt nach Hause zu fahren und da noch gemütlich mit allen zusammenzusitzen. Aber 60 Leute bei uns zu Hause? Unmöglich!

Also müssen wir uns noch was einfallen lassen. Zum Glück hat eine Freundin von mir einen guten Tipp, ein Café ganz in der Nähe, das auch als Kunstatelier genutzt wird. Ein großer Raum mit einer hohen Decke, unter der eindrucksvolle Kunstwerke hängen. Ein tolles Ambiente für unsere Feier.

Jetzt fehlt nur noch das Essen. Allzu groß ist die Auswahl an Restaurants und Caterern, die so kurzfristig – und dann auch noch kurz vor Weihnachten – ein leckeres Büfett auf den Tisch zaubern können, in unserer Gegend nicht. Zum Glück bietet uns mein Papa, der immer noch erfolgreich »Onkel Toms Hütte« führt, ganz pragmatisch an, Grillschinken, Kartoffelpüree und Sauerkraut aufzufahren. So machen wir's!

Endlich ist der große Tag da – der 20. Dezember 2013. Kilian und ich fahren getrennt zum Standesamt, das auf Burg Arras liegt. Diese stammt aus dem 12. Jahrhundert, ein unglaublich romantischer Ort. Man hat von dort auch einen herrlichen Blick auf das Moseltal. Kilian ist ein großer Burgenfan – bis heute hat er noch seine alte Lego-Ritterburg aus Kindertagen. Jedenfalls freut er sich riesig über den Ort der Trauung. 30 Familienmitglieder und Freunde warten dort schon auf uns.

Auch wenn es zunächst »nur« die standesamtliche Trauung ist und die kirchliche noch aussteht, weil uns einfach die Zeit für eine vernünftige Vorbereitung fehlt, wird es ein unglaublich feierlicher Tag.

Nach den schönen Worten der Standesbeamtin liest meine Trauzeugin Julia einen Text vor, der unser Versprechen, das wir uns an diesem Tag geben, noch einmal unterstreicht. Die ersten beiden Zeilen sind, wie ich inzwischen weiß, ein Auszug aus einem Text von Josef Dirnbeck, die restlichen Zeilen stammen aus einem Gedicht von Erich Fried:

Unser Ja ist ein Ja.
Unser Ja ist kein Möglicherweise, kein Unter-Umständen,
kein Probeweise.

Unser Ja ist, was es ist.
Denn es ist, was es ist, sagt die Liebe.
Es ist Unsinn, sagt die Vernunft.
Es ist, was es ist, sagt die Liebe.

Als Kilian und ich uns anschauen, während der Text vorgelesen wird, müssen wir beide grinsen. Ich weiß genau, woran er in diesem Moment denkt: An das Gedicht von Rilke, das wir uns bei unserem Spaziergang damals auf der Grillhütte aufsagten: »Der Sommer war sehr groß«.

Kilian und ich sind keine besonders poetischen Menschen. Wenn wir einem Gedicht begegnen, denken wir sofort an damals zurück.

Es ist ein ganz besonderer Moment, als wir die Ringe tauschen und uns gegenseitig die Gravuren zeigen. In Kilians Ring habe ich eingravieren lassen: »Zwei Seelen, eine Liebe, ein ganzes Leben.« Und in meinem Ring steht: »Du weckst das Beste in mir.«

*

KILIAN Dass ich genau diese Worte für Angelinas Ring gewählt habe, hat natürlich eine besondere Bewandtnis. Die Worte »Du weckst das Beste in mir« bringen auf den Punkt, was unsere Beziehung ausmacht. Ich war lange Zeit nicht der Typ, der Verantwortung übernimmt. Habe mich treiben lassen in meinen Entscheidungen, gerne auch mal meine Zeit mit unnützen Dingen verschwendet. Dass ich etwa eine Ausbildung zum Drucker gemacht habe, hatte auch damit zu tun, dass man dabei als Azubi relativ gutes Geld verdient und sich körperlich nicht allzu sehr verausgaben muss. Ich habe gerne den leichtesten Weg gewählt. Wenn man mir vor 10, 15 Jahren gesagt hätte, dass ich mit nicht mal 30 Jahren das Weingut meines Vaters führen würde, Verantwortung für die Familie und die Mitarbeiter im Betrieb hätte, dann hätte ich wahrscheinlich laut gelacht. Und alle anderen, die mich kannten, ebenfalls.

Ich weiß sehr genau, woran es liegt, dass ich heute dazu in der Lage bin: Es ist Angelina. Sie gibt mir Halt und dem Alltag Struktur, sie zeigt mir, was wirklich wichtig ist im Leben. Sosehr es mich manchmal auch nervt, wenn sie meine Entscheidungen infrage stellt, so weiß ich doch, dass ich ohne sie niemals so weit gekommen wäre, niemals den Mut gehabt hätte, mich einer solchen Verantwortung zu stellen. Dafür bin ich ihr einfach unendlich dankbar. Und die Worte, die ich in ihren Ring habe eingravieren lassen, bringen das auf den Punkt. Sie weckt tatsächlich das Beste in mir!

Ich bin sicher, dass Papa an unserem Hochzeitstag gewissermaßen auch mit dabei war. Wir haben jedenfalls viel an ihn gedacht. Aber nicht traurig oder wehmütig, sondern vor allem dankbar. Weil wir wissen, wie viel von unserem Glück von ihm kam.

*

ANGELINA   Die Feier ist einfach wunderschön. So viel liebe Menschen, die sich einfach mit uns freuen, die ehrlich Anteil an unserem Glück nehmen. Mir zeigt dieser Tag ganz neu, was für ein reiches Leben ich habe. Ich bin einfach glücklich!

Als wir am nächsten Vormittag wieder zum Aufräumen ins Café kommen, wartet noch eine ganz besondere Überraschung auf uns: Der Vermieter und meine Trauzeugin haben schon alles aufgeräumt. Einfach so, ohne uns dafür etwas zu berechnen. Wir sind baff und verbringen den Tag nach der Feier mit Faulenzen.

*

Bevor es im Sommer im Weinberg so richtig losgeht, fahren Kilian und ich auf Hochzeitsreise. Mein Vater hat uns eine Kreuzfahrt rund um die Kanarischen Inseln geschenkt. Die besondere Überraschung dabei: Benny und er kommen direkt mit. Familienbande eben. Ich muss schon erst mal schlucken, als sie mir das ankündigen, aber dann freue ich mich darüber.

Während des nur vierstündigen Stopps auf Lanzarote treibt uns Papa in einem Mietwagen über die Insel. Eigentlich würde ich die Zeit gerne nutzen, um in Ruhe durch die Straßen zu bummeln oder die herrliche Landschaft zu genießen. Aber Papa ist wie besessen davon, uns ein Restaurant zu zeigen, in dem er einige Jahre vorher so unglaublich lecker gegessen habe, wie er uns versichert. »Eine kleine Bodega mit herrlichen Tapas«, schwärmt er uns während der Fahrt vor. Leider hat er nur noch sehr vage Erinnerungen daran, wo genau das Restaurant liegt. »Da vorne, ich bin ziemlich sicher«, heißt es immer wieder, aber dann: »Oder nein, lasst uns mal weiterfahren, ich glaube, das war an einer Hauptstraße.« Schließlich sind die vier Stunden beinahe um. Um wenigstens noch etwas von Lanzarote zu sehen, fahren wir auf eine Aussichtsplattform. Während Papa so über die Landschaft blickt, meint er auf einmal: »Ach, ich glaube, ich habe mich vertan. Das Restaurant war doch auf Mallorca!« Natürlich sind wir in dem Moment erst mal sauer, aber später lachen wir gemeinsam über die Anekdote.

Es ist ein toller Urlaub. Besonders schön ist es, mal wieder so viel Zeit mit meiner Familie zu verbringen. Das ist es ja, was am Ende zählt.

DER KREISLAUF DES LEBENS

KILIAN Wenn alles Schlechte, das einem im Leben widerfährt, von Gutem aufgewogen würde, dann hätte uns nach dem Tod von Papa eigentlich noch eine ganze Menge Gutes widerfahren müssen. Doch so ist das Leben nicht. Nach einer schwierigen Zeit kommt nicht immer eine gute. Gott gleicht nicht alles aus, sodass am Ende für jeden Menschen die gleiche Menge Glück bleibt. Das Leben ist, wie es ist. Manchmal gelingt es uns, schweren Dingen im Nachhinein einen Sinn zu geben. Doch manchmal schaffen wir nicht mal das.

Mama hat sich ganz besonders über unsere Hochzeit gefreut. Sie ist einfach stolz auf uns und betont immer wieder, wie glücklich Papa gewesen wäre, wenn er diesen Tag noch erlebt hätte. Zwei Jahre hat sie gebraucht, um seinen Unfalltod halbwegs zu verkraften. Dann beginnt sie, die Umstände zu akzeptieren und aus der Situation das Beste zu machen. Sie zieht in das kleine Hinterhaus, in dem früher die Großeltern und anschließend Angelina und ich gewohnt haben, und richtet sich ihr neues Reich so gemütlich ein, wie es nur geht. Es wird richtig schön, eine echte Wohlfühloase. Vor dem Haus recken innerhalb kürzester Zeit ganz viele Blumen ihre Blüten in Richtung Sonne. Unter den Unterstand an der Terrasse stellt sie das kleine, uralte beige-rosafarbene Ohrensofa, das bei den Aufräumarbeiten im Gut zum Vorschein gekommen ist. Die Wand dahinter streicht sie passend in Weinrot.

Dass sie jetzt umgezogen ist, hat nicht nur damit zu tun, dass Angelina und ich den Platz im Haupthaus dringender benötigen als sie, sondern dies alles geht mit einem Rückzug von der Verantwortung im Gut einher. 30 Jahre lang ist meine Mama immer für das Weingut da gewesen, hat sich nie einen freien Tag gegönnt. Von frühmorgens bis spätabends, an Wochenenden und Feiertagen hat sie gearbeitet. Auch wenn offiziell keine Verkaufszeiten waren, standen häufig Kunden vor der Tür, die an die Scheibe klopften, wenn sie die Familie durch das große Wohnzimmerfenster im Erdgeschoss am Esstisch sitzen sahen. Mama wäre niemals in der Lage gewesen zu sagen: »Geschlossen! Kommen Sie morgen wieder!«

Und auch für uns, ihre Familie, ist sie immer da gewesen. Früher war fast jeden Tag das ganze Haus voller Kinder, weil jeder von uns drei Geschwistern seine Freunde mitbrachte. Während wir im Hof Rennen mit den Tretbulldogs fuhren, mixte Mama uns Limonade, backte kleine Kuchen oder holte das selbst gemachte Orangeneis aus der Kühltruhe.

Sie war die perfekte Gastgeberin: immer großzügig und herzlich. Auch ihre Rezepte sind legendär: Thunfischsalat, frisches Walnussbaguette, Rosmarinbrot, Käsekugeln, Nudelauflauf und ihr Weihnachtsdessert – ein Parfait mit Erdbeersoße – waren bei uns so beliebt, dass Mama nicht umhinkam, für jedes von uns Kindern später, als wir groß waren, ein Rezeptbuch zu schreiben. Denn wir wollten das alles nachkochen. Ihr Tomatenpesto war so lecker, dass ich es als Kind manchmal pur aus dem Glas gelöffelt habe. Bebildert hat sie die Bücher mit Familienfotos und dazwischen so Kommentare hinzugefügt wie: »Lieber Kilian, bleib so, wie du bist.« Jetzt, wo Angelina und ich den Gutshof übernommen haben, kann meine Mama endlich einen Schritt zurücktreten. Sie muss sich um nichts mehr kümmern, außer um sich selbst, auch wenn sie natürlich weiterhin auf dem Hof mithilft. Die neu gewonnene Freiheit genießt sie sehr und lässt es sich richtig gut gehen: Yoga in Koblenz, Saunatage, Ausflüge mit den Freundinnen. In diesem Sommer planen sie, gemeinsam nach Sylt zu fahren.

Doch dann bekommt sie Rückenschmerzen, die sie so sehr plagen, dass sie ihre Pläne aufschieben muss. Ob sie sich einfach mehr schonen und weniger über den Hof wuseln sollte? Angelina meint, dass sie sich vielleicht irgendwie verhoben oder verspannt haben könnte. Doch es wird und wird einfach nicht besser. Vielleicht ist es ein verschleppter Bandscheibenvorfall?

Es dauert eine Weile, bis einer von uns es wagt, die größte Befürchtung auszusprechen: »Vielleicht hat das doch etwas mit deinem Krebs zu tun?« 2006 hatte Mama die Diagnose Brustkrebs bekommen, aber nach Chemo und Bestrahlung ist sie seit über sechs Jahren krebsfrei. Sie winkt nur ab und meint: »Nein, ich war gerade erst bei der Kontrolle. Das muss etwas anderes sein.«

Trotz ihrer Schmerzen will sie uns unbedingt bei der Weinlese helfen. Das kann ich ihr zum Glück ausreden, auch wenn es nicht ganz leicht ist. »Wenn Onkel Karl-Heinz das mit seinen fast 70 Jahren noch schafft, dann werde ich mich mit Mitte 50 ja wohl kaum darum drücken können«, versucht sie, mich zu überzeugen. Aber so sehr wir ihre Hilfe brauchen könnten, lasse ich mich diesmal nicht breitschlagen.

Als alle Hausmittelchen gegen die Rückenschmerzen nicht wirken, macht sie sich eines Tages doch auf den Weg zum Orthopäden. Als wir abends mit der Familie am Esstisch zusammensitzen, eröffnet sie uns, was bei der Computertomografie herausgekommen ist: »Der Krebs ist zurück.« Es haben sich bereits Metastasen in der Wirbelsäule gebildet. Daher die starken Schmerzen.

Wir sind alle fassungslos. Angelina nimmt meine Hand, und ich kann nur geradeaus stieren. Will es einfach nicht wahrhaben. »Aber du hast doch damals alles gemacht. Die Operation, die Chemo, die Bestrahlung«, versuche ich mir einzureden, dass das doch nicht sein kann.

Mama ist erstaunlich gefasst und trotz der Diagnose zuversichtlich. Wahrscheinlich haben die Erfahrungen der letzten Jahre ihr eine Gelassenheit gegeben, die ihr jetzt hilft, die Situation anzunehmen. »So ist es nun mal. Und ehrlich gesagt habe ich schon geahnt, dass etwas nicht stimmt!«

Der Arzt hat einen Behandlungsplan ausgearbeitet, erzählt sie, es sei nicht hoffnungslos. Das erste Mal habe sie es schließlich auch geschafft, da werde sie sich jetzt nicht unterkriegen lassen.

Leider hält dieser Optimismus nicht lange vor. Nach einer ausführlichen Untersuchung einige Tage später nehmen ihr die Ärzte die Hoffnung, wieder gesund zu werden. Inzwischen ist auch die Lunge vom Krebs befallen. Ihre Onkologin erklärt ihr, dass die Krankheit nur noch eingedämmt, aber nicht mehr aufgehalten werden kann. Als Mama fragt, ob sie Weihnachten – es ist Juli – noch mit der Familie erleben werde, meint die Ärztin nur: »Das kann ich Ihnen nicht versprechen!« Sie macht keinen Hehl daraus, wie ernst die Lage ist. Von da an geht es vor allem um eine Eindämmung der Schmerzen. Weil es dafür intensive Betreuung braucht, zieht Mama in eine Palliativstation. Als sie ihre Sachen packt, fällt es uns unendlich schwer, zu begreifen, dass sie nie wieder nach Hause zurückkehren wird.

Mama hat beinahe ununterbrochen Besuch. Immer ist jemand bei ihr: Freundinnen, Nachbarn und vor allem wir als Familie. Meine Schwester Verena zieht beinahe dort ein. Ich muss mich tagsüber weiter ums Gut kümmern, fahre aber jeden Abend zu ihr ins Krankenhaus und sitze dann einfach an ihrem Bett. Die Gespräche werden mit der Zeit nach und nach weniger. Weil Mamas Krebs in die Lunge gestreut hat, fallen ihr das Atmen und Sprechen immer schwerer. Aber auch ich bringe kaum ein Wort heraus, wenn ich bei ihr bin. Es ist schlimm, zu sehen, wie es Mama immer schlechter geht und sie vor unseren Augen zerfällt.

Irgendwann werden die Schmerzen so schlimm, dass sie eine Morphiumpumpe bekommt, die das Mittel alle paar Minuten in ihre Blutbahn abgibt, damit sie ihren Zustand überhaupt ertragen kann. Jetzt ist es beinahe unmöglich, mit ihr zu sprechen. Sie liegt nur noch da, die Augen geöffnet, aber innerlich abwesend, ohne zu sprechen, mit ganz flachem Atem – bis dieser irgendwann ganz aussetzt. Meine Schwester und mein Onkel sind bei ihr, als sie stirbt. Ich bin gerade im Auto auf dem Weg ins Krankenhaus. Als ich dort ankomme, ist es schon vorbei.

Mama blieben nach der Diagnose nur noch wenige Wochen. Weihnachten ist noch weit weg. Sie stirbt am 10. Oktober 2014.

Iris und Uli Franzen

ANGELINA Es bricht mir das Herz, Kilian so zu sehen. Gerade mal drei Jahre ist es her, dass er auf wirklich tragische Weise den Vater verloren hat, ohne Vorwarnung, ohne sich verabschieden zu können. Und jetzt auch noch die Mutter. Kilian ist nicht der Typ, der viel über seine Gemütslage spricht. War er noch nie. Meistens frisst er die Dinge in sich hinein und stürzt sich einfach in die Arbeit. Aber ich kenne ihn und sehe, wenn er leidet. Natürlich versuche ich, ihm so gut es geht beizustehen. Für ihn da zu sein, ihm zu zeigen, dass er nicht alleine ist. Auch wenn er nun – gerade mal 28 Jahre alt – ohne Eltern dasteht. Es bewegt mich sehr, als er eines Abends zu mir sagt, dass er sich niemals alleine fühlen werde, solange ich an seiner Seite bin. Für jemanden, der sonst nur selten über seine Gefühle spricht, ist das ein großer Schritt.

ALLES ANDERS

ANGELINA Als ich aus dem Bad komme, sage ich zu Kilian: »Ich glaube, ich bin schwanger.«

Stille. Ich kann sein Gehirn arbeiten sehen. »Wieso glaube?«

»Na ja, als meine Periode ausgeblieben ist, habe ich einen Schwangerschaftstest gemacht. Und der ist positiv!«

Wieder rattert es in seinem Kopf. »Und warum glaubst du nur, dass du schwanger bist?«

»Weil ich den Test vor Jahren zum Jux von Freundinnen geschenkt bekommen habe, zusammen mit einem Schokoriegel. Der ist schon längst abgelaufen!«

»Darf ich mich jetzt freuen oder nicht?«

»Wäre wahrscheinlich besser, du wartest noch, bis wir einen richtigen Schwangerschaftstest gemacht haben!«

Wir setzen uns ins Auto und brausen zusammen in eine Apotheke, kaufen einen neuen Schwangerschaftstest und fahren wieder zurück nach Hause. Dieses Mal gibt es keinen Zweifel: Ich bin tatsächlich schwanger. Als ich Kilian das Ergebnis verkünde, springt er auf und nimmt mich in die Arme. Ganz vorsichtig, so als ob er Angst hat, etwas kaputt zu machen. Dann strahlen wir uns beide an.

Gerade einen Monat ist es jetzt her, dass Kilians Mama gestorben ist. Ein Leben endet, ein neues beginnt. So traurig es für uns ist, dass sie das nicht mehr miterleben kann, so sehr schließt sich durch die Schwangerschaft doch auch ein Kreis. Manchmal liegen Freude und Trauer nah beieinander.

BLOCKIERT

KILIAN Auch in diesem Jahr bleiben wir natürlich nicht gänzlich von Schwierigkeiten verschont. Diesmal ist es die Monorack-Bahn, die uns Kopfzerbrechen bereitet. Mitten in der Lesezeit gibt sie den Geist auf. Plötzlich tut es einen Schlag, und das Ding bleibt stehen. Nichts mehr zu machen. Und das, während die Kisten mit den gepflückten Trauben für den Abtransport bereitstehen. Da ist keine Zeit für einen Monteur. Zum Glück haben wir die Idee, die Bahn aus dem Frauenberg zu holen und hier im Calmont aufzusetzen. Wir können zwar anschließend trotzdem nicht bis ganz nach oben fahren, weil das letzte Stück von der kaputten Bahn blockiert ist, aber wenigstens einen Teil der Strecke können wir so abdecken. Der Schaden kostet uns nicht nur einen Tag Arbeit, sondern auch einen ordentlichen Batzen Geld, denn der Monteur stellt später fest: Getriebeschaden.

Wir kennen es aus früheren Tagen – egal, was die Bahn hat, man ist jedes Mal mit mindestens 2000 Euro dabei. Und sie geht mindestens einmal im Jahr kaputt. Aber ich habe inzwischen aufgehört, mich darüber aufzuregen. Besser wird es dadurch ja auch nicht.

Trotz dieser kleinen Schwierigkeiten ist der Ertrag in diesem Jahr sehr erfreulich: 57 000 Liter bringen wir in den großen Tank und sind mit diesem Ergebnis zufrieden. Wieder merken wir: Es geht voran. Der Ertrag stabilisiert sich, wir können immer besser planen. Die Investitionen im Gut greifen, und der Absatz der Weine geht kontinuierlich aufwärts, sodass wir den Freiraum bekommen, weitere Ideen umzusetzen.

Eine langfristige Investition, die schon länger ansteht, ist eine neue Lagerhalle. Bis jetzt lagern die Flaschen einfach im Keller. Dort ist es aber nicht nur schön kühl, sondern auch schön feucht. Das Problem ist, dass wir die Flaschen deswegen nicht mit den Etiketten darauf lagern können. Sofort würden sie sich wellen. Das heißt, dass wir die Etiketten immer erst dann anbringen können, wenn die Flaschen versendet werden. Wenn eine Bestellung kommt, können wir sie nicht einfach verpacken und losschicken. Das ist sehr mühsam.

Also beschließen wir, ein 400 Quadratmeter großes Grundstück zu kaufen, das nahe unserem Weingut angeboten wird. Dort errichten wir eine Lagerhalle, die durchgehend klimatisiert und gleichzeitig trocken ist. Und noch einen Vorteil hat die Halle: Statt Platz für 10 000 Flaschen wie im Keller können wir nun 50 000 Flaschen lagern. Sobald eine Bestellung kommt, gehen sie einfach raus. Das ist eine echte Erleichterung.

MAMAGLÜCK

ANGELINA   Seit ich von der Schwangerschaft weiß, lebe ich in dem Bewusstsein, dass mich das Kind überallhin begleitet. Kilian bekommt es gar nicht mit, aber wenn ich alleine bin, spreche ich mit dem werdenden Leben in meinem Bauch und erzähle ihm, was ich gerade tue oder denke. Ich weiß eigentlich gar nicht genau, woher wir die Gewissheit nehmen, aber irgendwie sind wir uns sicher, dass es ein Junge werden wird. Wahrscheinlich hat es einfach damit zu tun, dass wir uns tatkräftige Hilfe für das Weingut wünschen. Jedenfalls erzählen wir allen, dass ein kleiner Paul unterwegs ist – bis ich im siebten Monat zur Kontrolluntersuchung bei der Frauenärztin bin. Als sie mit dem Ultraschallkopf über die Bauchdecke fährt und die verwischte Schwarz-Weiß-Darstellung auf dem Bildschirm betrachtet, sagt sie lächelnd: »Es ist ein Mädchen.«

»Nein, es wird ein Junge«, widerspreche ich.

Bislang haben Kilian und ich immer von einem Jungen gesprochen, wenn es um den Nachwuchs ging. Einen kleinen Kerl, der mit Legosteinen Ritterburgen baut, mit seinen Kumpels Fußball spielt und Bagger fährt. Und natürlich einen, der vielleicht später, wenn er groß ist, auf dem Gut arbeiten, tüchtig anpacken und am Ende sogar in unsere Fußstapfen treten kann.

Ich habe gerade Kopfkino.

Ob Kilian über die unerwartete Wendung enttäuscht ist? Aber es ist, wie es ist, und die Ärztin ist sich ihrer Sache sicher. Deshalb gibt es nur eine Frage: Wie bringe ich diese Neuigkeit Kilian am besten bei?

Als hätte er meine Gedanken gehört, kommt er mir auf dem Rückweg nach Bremm im Auto entgegen. Wir bleiben beide mit unseren Wagen nebeneinander stehen und kurbeln die Fenster herunter, um miteinander zu sprechen.

Kilian sieht sofort, dass mich etwas ziemlich umtreibt. »Was ist los? Ist mit dem Kind alles in Ordnung?«, fragt er mich aufgeregt. Ohne Umschweife erkläre ich ihm: »Es wird ein Mädchen!« Kilian versteht überhaupt nicht, was gerade mein Problem ist. »Mensch, Angelina, das ist doch super!«

Ich bin verblüfft. »Wolltest du nicht lieber einen Jungen haben?« Da zieht er nur die Schultern hoch und meint: »Eigentlich ist es mir ziemlich egal, ob es ein Junge oder ein Mädchen wird. Hauptsache, dir und der Kleinen geht es gut!« Spricht's, kurbelt das Fenster hoch und fährt weiter. Ich bin völlig verdutzt. Wie man sich täuschen kann – selbst nach so langer Zeit!

Ein paar Wochen ohne Arbeit, Kinderzimmer streichen, süße Kleider und Kuscheltierchen kaufen ... Schwangerschaft könnte so schön sein, wenn man kein Weingut hätte. Bis kurz vor der Geburt arbeite ich im Betrieb mit.

Etwa drei Wochen vor dem errechneten Termin wache ich auf und kann auf dem linken Auge nichts mehr sehen. Die Situation ist wirklich beängstigend: Immer wieder schließe und öffne ich das Augenlid, reibe mit dem Handballen im Auge herum und schaue im Spiegel, ob da etwas vor der Pupille ist, das vielleicht die Sicht versperrt. Aber nichts hilft. Das Problem bleibt. Kurz überlege ich noch, ob ich erst einmal abwarten soll, bis es von allein weggeht schiebe den Gedanken dann aber zur Seite. Schließlich rufe ich meine Frauenärztin an, die sofort alarmiert ist und mich umgehend in ihre Praxis bestellt. Dort zeigt sich, dass meine Blutwerte schlecht sind. Die Sauerstoffsättigung des Blutes ist ungenügend – Anzeichen für eine beginnende Schwangerschaftsvergiftung. Eine hochgefährliche Situation, die mich und mein Kind das Leben kosten kann. Unbehandelt führt eine Schwangerschaftsvergiftung zu Versagen von Leber und Nieren, es drohen Thrombosen, Sehstörungen, ein Absterben der Plazenta ... die Liste ist lang, die sie mir aufzählt.

Es besteht jedenfalls akuter Handlungsbedarf. Meine Ärztin ruft sofort einen Rettungswagen. Ich weiß gar nicht richtig, wie mir geschieht, während sich die Ereignisse überschlagen. Mit Blaulicht geht es ins nächste Krankenhaus, Kilian mit dem Auto hinterher. Aber dort werde ich erst einmal im Krankenbett auf dem Gang geparkt. Ich soll warten – und dachte eben noch, die Situation sei hochdramatisch. Warum passiert jetzt nichts weiter?

Irgendwann ruft unsere Frauenärztin nochmals an. Sie will wissen, ob alles in Ordnung ist. Als Kilian ihr die Lage schildert, denkt sie zuerst, sie habe sich verhört. Dann ist sie völlig außer sich: »Bringen Sie Ihre Frau so schnell wie möglich ins Krankenhaus nach Koblenz«, rät sie ihm. Kilian will noch widersprechen und sagt ihr, dass das über eine Stunde Fahrt bedeutet. Aber das interessiert meine Ärztin nicht: »Fahren Sie einfach los!«

Wenig später sitzen wir beide im Auto, nachdem ich mich selbst aus der Klinik entlassen habe. 100 Kilometer weit führt die Fahrt über die A1 und die A48.

In Koblenz angekommen, verfrachten mich die Ärzte flugs in ein Zimmer, und ich werde an mehrere Überwachungsgeräte angeschlossen. Beinahe kommt uns die Aufmerksamkeit hier etwas *zu* exorbitant vor, denn bisweilen stehen viele Mitarbeiter gleichzeitig um mein Bett, um sicherzugehen, dass es mir auch wirklich an nichts fehlt. Später bekommen wir heraus, dass es in dem Krankenhaus einen Chefarzt gibt, der ebenfalls Franzen heißt und auch aus Bremm kommt. Wahrscheinlich denken die Mitarbeiter – ohne dass sie uns gefragt hätten –, dass wir mit ihm verwandt sind.

Die Ärzte teilen mir mit, dass sie 24 Stunden warten wollen, ob sich durch die verabreichten Medikamente die Werte verbessern. Träte das nicht ein, würden sie die Geburt einleiten. Kilian fährt noch mal nach Hause aufs Gut. Er soll informiert werden, wenn es so weit ist.

Nur wenige Stunden später ist klar: Mein Zustand verschlechtert sich weiter, und die Blutwerte machen keine Anstalten, sich wieder zu normalisieren. Ich bekomme eine Tablette, um den Geburtsprozess einzuleiten. Als ich der Schwester den Becher mit dem Wasser zum Runterspülen zurückgebe, meint sie, ich solle am besten schon mal Kilian informieren, dass es bald losginge. »Aber keine Panik, das dauert alles noch. Nicht, dass ihr Mann unvorsichtig fährt und womöglich einen Unfall baut.« Die Fahrt würde ja normalerweise nur eine gute Stunde dauern, die Zeit reiche in jedem Fall.

Aber da kennt sie Kilian schlecht. Als er zwei Stunden später eintrifft und ich ihn frage, wo er so lange geblieben sei, meint er bloß, er habe noch in Ruhe einen Kaffee getrunken. Ich hätte ja gesagt, dass kein Grund zur Eile bestehe. Typisch Kilian. Aber verpasst hat er die Geburt zum Glück nicht!

Weil das Baby falsch herum liegt, beginnen sie damit, es im Mutterleib zu drehen. Das ist äußerst schmerzhaft. Dann heißt es weiter warten. Nichts passiert.

Als sich nach zehn Stunden immer noch nichts getan hat und sich die Werte weiter verschlechtern, muss gehandelt und die Geburt eingeleitet werden. Nachdem die PDA gelegt ist, habe ich von einem Moment auf den nächsten keine Schmerzen mehr. »Gleich geht es los«, höre ich noch, dann bin ich irgendwie ziemlich weg – und als ich wieder richtig zu mir komme, ist sie auch schon da: Emilia.

*

Wenn in Bremm ein neuer Erdenbürger ankommt, dann wird er immer mit demselben Ritual begrüßt. Die Nachbarn schmücken das Balkongeländer des Elternhauses oder den Zaun mit Stramplern und anderen Babysachen, und vor dem Haus steht ein Holzstorch, der bereits seit Jahrzehnten durch den Ort wandert, mit dem Namen des Ankömmlings und dem Geburtsdatum.

Diesmal steht der Storch bei uns: Emilia Franzen. 6. August 2015.

16 Stunden hat die Geburt insgesamt gedauert, und Emilia hat ein Gewicht von sieben Pfund.

Wie soll man das Gefühl beschreiben, plötzlich Eltern zu sein? Die Zeit scheint für einen Augenblick stillzustehen, wenn wir das süße Wesen betrachten, das da nun vor uns in der Liege liegt. Wir saugen jeden Moment dieses kleinen Wunders auf.

Das Muttersein ist am Anfang natürlich nicht leicht. Als wir samstags mit der Kleinen nach Hause kommen, bleibt nur wenig Zeit, um uns zu akklimatisieren und auf die neue Situation einzustellen.

Die Nächte sind kurz, vieles ist noch ungewohnt. Warum schreit das Kind jetzt? Hat es schon wieder Hunger? Und ist es normal, dass es mehr tagsüber schläft? Jedes junge Elternpaar kennt solche Gedanken. Weil so vieles neu und anstrengend ist, wäre es eigentlich gut, jetzt erst einmal nichts anderes tun zu müssen, als sich um das Kind zu kümmern. Aber das geht leider nicht.

Der Betrieb muss weiterlaufen. Und Kilian kann unmöglich alles allein machen.

Zwei Tage später stürze ich mich schon wieder in die Arbeit. In der Woche, in der ich wegen der Geburt ausgefallen bin, ist vieles liegen geblieben. E-Mails müssen beantwortet werden, der Monatsabschluss steht an, aufgelaufene Bestellungen warten auf die Bearbeitung … Ich mache mich sofort daran, möglichst viel aufzuholen. Dass mir das alles nicht guttut, ist eigentlich logisch. Aber ich merke es selbst erst relativ spät.

Als die Hebamme einige Tage nach der Geburt zu Besuch kommt, um nach dem Kind und mir zu schauen, bin ich gerade dabei, Emilia zu wickeln. Kaum ist das erledigt, springe ich auf, weil Kunden in der Vinothek warten.

Als ich zurück bin, schaut mich die Hebamme konsterniert an. »Angelina, du brauchst mehr Ruhe. Setz dich erst mal hin!« Nun warte ich eigentlich darauf, dass sie wieder geht, um endlich weitermachen zu können. Doch die Frau weiß genau, was Sache ist, und bleibt. »Angelina, ganz ehrlich: Du siehst schlecht aus. Kann es sein, dass es dir nicht gutgeht?« Während sie mich anschaut, schießen mir schon Tränen in die Augen. Ich versuche noch, sie zurückzuhalten, doch es geht nicht.

Was ist nur los? Eigentlich müsste ich die glücklichste Frau der Welt sein: Ich habe einen tollen Mann und jetzt auch noch eine gesunde, wunderbare Tochter. Die Arbeit im Weingut macht mir eigentlich fast immer Freude. Und trotzdem merke ich seit der Geburt, dass etwas nicht stimmt. Ich bin unruhig, reizbar und vor allem sehr emotional! Oftmals traurig und niedergeschlagen. Als ich der Hebamme davon berichte, merke ich, dass es mir guttut, darüber zu reden. Bislang habe ich mich für die Traurigkeit geschämt und versucht, sie zu verstecken – schließlich gibt es ja überhaupt keinen Grund dafür.

Als ich fertig gesprochen habe, schaut mich die Hebamme verständnisvoll an und nickt. »Dachte ich es mir doch. Das nennt sich Baby-Blues und kommt sehr häufig vor. Keine Angst, das geht vorbei. Aber dafür musst du dir mehr Ruhe gönnen. Nimm dir Zeit. Du hast jetzt eine kleine Tochter. Nichts anderes ist wichtiger!«

Ich nehme mir vor, ihren Rat so gut es geht zu befolgen. Und tatsächlich sind die Stimmungsschwankungen nach ein paar Tagen vergangen.

*

KILIAN Rechtzeitig zur Geburt sind wir auch mit unserem Umbau fertig geworden. Sogar deutlich früher, als wir uns vorgenommen haben. Endlich ist alles geschafft: Die Küche ist aus dem winzigen Raum, in dem sie bislang untergebracht war, ins Esszimmer gezogen, ein Holzofen hat die Wärmespeicherheizung abgelöst, die Fenster, Decken und Böden sind alle erneuert. Und auch das 40 Jahre alte Badezimmer, bei dem zuletzt mehr Fliesen auf dem Boden lagen als an der Wand klebten, ist saniert – mitsamt der heiß ersehnten Badewanne für Angelina. Die Wohnetage mit den beiden Schlafzimmern und einem großen Wohnzimmer haben wir ganz bewusst aus dem Erdgeschoss in den ersten Stock verlegt. Wir wollen nicht, dass es uns wie meinen Eltern ergeht und jeder ins Haus hineinsehen und jederzeit bei uns klopfen kann, auch dann, wenn wir mal frei haben und uns ausruhen wollen.

Es scheint tatsächlich so zu sein, dass wir dieses Jahr eine Glückssträhne haben.

Emilias Geburt ist das Ereignis schlechthin. Aber auch das frisch renovierte Haus macht uns große Freude. Und auf dem Weingut läuft es immer besser. Unser Gutswein – sozusagen die Visitenkarte unseres Hauses – wird von dem berühmten französischen Restaurantführer zum besten Literwein Deutschlands gekürt, und wir bekommen unsere dritte Traube verliehen. Das ist mit den Sternen für gute Restaurants vergleichbar. Wieder eine Auszeichnung, die unsere Arbeit als Winzer belohnt und zeigt, wie wichtig es ist, das zu beherzigen, was Papa schon immer gewusst hat: Wenn man als Moselwinzer erfolgreich sein will, muss man auf Qualität setzen!

Kurz nachdem Emilia da ist, steht auch schon die nächste Weinlese ins Haus. Zum Spaß habe ich mal mitgezählt, was während der Ernte so alles gebraucht oder zerstört wurde: 1050 Tassen Kaffee, 24 Pflaster, 94 Weinflaschen (zerbrochen, nicht getrunken!), ein Paar Stahlkappenschuhe, eine kaputte Stoßstange und eine dicke Beule im Kellertor – für die 54 000 Liter Wein, die dabei am Ende herausgekommen sind, ein erträglicher Preis.

Einen kleinen Traum erfüllen wir uns, als wir einen Rotwein in unsere Weinkollektion aufnehmen. Am Neefer Frauenberg entdecken wir eine Lage, die sich besonders gut für den Anbau von Spätburgunder eignet. Die Entscheidung, wieder etwas Neues zu wagen, ist einmal mehr ein mutiger Schritt, einfach deshalb, weil wir ansonsten nur Riesling im Sortiment haben und uns auf bislang völlig unbekanntes Terrain trauen. Wir gehen es zeitnah an. Aber bis zur ersten Ernte wird es noch zwei Jahre dauern. Und doch merke ich, wie sich eine große Vorfreude in mir breitmacht. Wir sind sehr gespannt auf das Ergebnis.

MOSELOCHSEN

KILIAN Neben den vielen positiven Presseberichten gibt es auch einen, der ganz anders ausfällt. Einen echten Aufreger für viele in unserer Region. Zum Glück schreibt der Autor nicht über unser Gut, sondern über die Mosel als Weinregion im Allgemeinen. Besonders eine Stadt hat der Mann im Visier: Cochem. Unter der Überschrift »Der Schönheit wohnt der Schrecken inne« bezeichnet der Autor das Touristenstädtchen als »eine Art Mosel-Ballermann, dessen muffiger Charme irgendwo zwischen Heinz Erhardt und Helmut Kohl angesiedelt werden muss«. Die Stadt sei »das Schmuddelkind an Deutschlands schönstem Fluss, abgewetzt vom Massentourismus, verhunzt vom Nachkriegsbetonbrutalismus, vollgestopft mit Schnitzelparadiesen, Bierkaschemmen, Schlagermusikhöllen und Souvenirramschläden«.

Uff. Eine schonungslose Abrechnung, auf die er sogar noch eine Schippe drauflegt: »Der im Grunde gute Moselwein wird in kitschig geblümten Geschenkverpackungen verkauft.« Doch nicht nur der Massentourismus der Region bekommt sein Fett weg. Den Höhepunkt erreicht der Artikel, als er uns Winzer als »uneinsichtige Moselochsen« bezeichnet.

Es ist nicht irgendeine Zeitung, die sich so abfällig über Cochem und uns Moselwinzer äußert, nein, es ist die *F.A.Z.* – die vielleicht renommierteste Tageszeitung des Landes.

Natürlich sorgt das bei uns in der Region für großen Aufruhr. Auf dem Weinfest in Cochem, wo die verschiedenen Weingüter ihre Erzeugnisse präsentieren, ist es Gesprächsthema Nummer eins. Ein Sturm der Entrüstung fegt durch die Ortschaften. Viele Moselaner kochen vor Wut, fühlen sich ungerecht behandelt. Lauthals wird der Autor beschimpft und eine Entschuldigung, gar eine Gegendarstellung gefordert. Besonders der Begriff »Moselochsen« führt zu Empörung. Der Landrat fordert in einem offenen Brief an den *F.A.Z.*-Herausgeber eine Entschuldigung.

Angelina und ich bleiben gelassen. Zum einen finde ich, dass sehr viel Aufhebens darum gemacht wird, dass ein einzelner Reisender beschreibt, wie er seinen Besuch an der Mosel empfindet. Und zum anderen müssen wir ihm, wenn wir ganz ehrlich sind, auch in vielen Punkten recht geben. Sicher hat er hier und da etwas übertrieben, aber der laute Aufschrei in der Region zeigt, dass er einen Nerv getroffen hat. Völlig unberechtigt ist die Kritik jedenfalls nicht. Tatsächlich werden in der Region viele Chancen vergeben, und Cochem ist ein gutes Beispiel: Eigentlich ist es eine der schönsten Kleinstädte in ganz Deutschland. Aber überall stehen große Betonbauten, gibt es Schnitzel mit Pommes für zehn Euro, und mancherorts wird sogar Wein aus dem Tetrapak ausgeschenkt – und das hier, mitten in einem der schönsten und wichtigsten Weinanbaugebiete Deutschlands.

Papa hat dafür gekämpft, dass der Moselwein seinen guten Ruf zurückbekommt, dass hier wieder Qualität statt süßlicher Massenware produziert wird – und dann setzen manche Städte und Gemeinden auf Massen- statt Kulturtourismus.
Angelina und ich – und mit uns viele andere junge Winzer der Region – sind entschlossen, unseren Teil dazu beizutragen, dass sich hier etwas ändert. Um auch jüngere Menschen in die Region einzuladen, beginnen wir auf eigene Faust, neue Events zu etablieren.

Bei »Jung und Steil« werden die Gäste einen kompletten Tag lang mit Shuttlebussen zu verschiedenen Weingütern gefahren, wo sie die Weine und leckeres Fingerfood genießen. Es geht nicht nur ums Dagewesen-Sein, sondern es ist uns wichtig, dass die Güter in Ruhe besichtigt werden können und die Gäste dabei die verschiedenen Philosophien der Winzer kennenlernen. Abends endet die Veranstaltung mit einem Livekonzert in der alten Klosterruine. Da wird dann getanzt und gefeiert.

Direkt bei der ersten Veranstaltung haben wir 120 Besucher, im zweiten Jahr sind es bereits mehr als 400. Als ich Angelina die Besucherzahlen nenne, kann sie es kaum glauben. »Warum überrascht dich das jetzt so?«, will ich wissen. »Na, weil das Männer organisiert haben!« Eigentlich ist sie die Organisatorin bei uns, aber bei dieser Veranstaltung habe ich so viel Spaß am Planen, dass sie mir ausnahmsweise das Ruder überlässt.

Eine andere Veranstaltung, die wir »Mythos Mosel« nennen, machen wir zusammen mit den »Moseljüngern«. 13 junge Winzer haben sich in diesem Kreis zusammengeschlossen. Auf verschiedenen Weingütern präsentieren sich insgesamt über 100 Winzer. 2500 Besucher nutzen das Angebot. Zum Abschluss gibt's eine Weingut-Party mit DJs und Tanzfläche.

Das alles zu organisieren und umzusetzen macht viel Arbeit. Aber es ist uns wichtig, hier Flagge zu zeigen und zu beweisen, dass wir »Moselochsen« durchaus in der Lage sind, die Vorzüge der Region zeitgemäß und mit Stil zu präsentieren.

Die Geschichte des Weinbaus an der Mosel

Schon in der Antike kelterten an der Mosel Winzer ihre Trauben. Sie waren im Gefolge von Cäsars Legionen gekommen, die das Gebiet im Zuge der Gallischen Kriege um 50 v. Chr. erobert hatten. Im Jahr 17 v. Chr. wurde Augusta Treverorum, das heutige Trier, gegründet. Die steigende Nachfrage der wachsenden militärischen und zivilen Bevölkerung in der Stadt führte zur Anlage von Rebflächen in großem Stil. Damit begann die Epoche des Weinbaus an der Mosel. Noch heute kann man mancherorts Reste römischer Kelteranlagen bestaunen. Auch das Neumagener Weinschiff, ein steinernes römisches Grabmal, ist ein eindrucksvolles Relikt aus dieser Zeit.

Trier entwickelte sich im Laufe der Zeit zur Kaiserresidenz und Weltstadt – entsprechend hoch war auch der Bedarf an Wein, einem schon von den Kelten und Römern hochgeschätzten Getränk. Die keltischen Einwohner der Region schätzten bereits um 500 v. Chr. den Wein als Genussmittel. Dass sie schon Weinreben anbauten, ist nicht belegt. Nach dem Ende des Römischen Reiches übernahmen die Klöster als größte Landbesitzer eine zentrale Rolle bei der Weiterentwicklung des Weinbaus. Im Hochmittelalter kamen mit den aus Burgund stammenden Zisterziensermönchen auch deren Weinbaukenntnisse ins Moselland und verschafften der Region einen beträchtlichen Wissensvorsprung.

Der Mosel-Riesling

Nach dem Ende der Napoleonischen Ära 1815 brachte die repressive Handelspolitik des Königreichs Preußen in den 1830er-Jahren viele Weinbauern an den Rand der Existenz. Die große Not der Winzer beeinflusste auch die Gedankenwelt des wahrscheinlich bekanntesten Sohns der Stadt Trier: Karl Marx.

Gegen Ende des 19. Jahrhunderts erlebte der Weinbau an der Mosel, nicht zuletzt aufgrund der Förderung durch den Preußischen Staat, wieder eine große Blütezeit. Die Steillagen-Rieslinge von Mosel, Saar und Ruwer waren die begehrtesten und teuersten Weißweine der Welt. Man trank sie an den Höfen und in den großen Restaurants in ganz Europa.

Frühe Qualitätssicherung

Von der großen Bedeutung des Weinbaus für die Region zeugt, dass der letzte Trierer Kurfürst, Erzbischof Clemens Wenzeslaus von Sachsen, im 18. Jahrhundert Maßnahmen zur Förderung des Qualitätsweinbaus verfügte: Minderwertige Reben ließ er roden und durch bessere Sorten, vor allem durch Riesling, ersetzen – eine Entscheidung, die das Gebiet bis heute prägt: Von heute rund 8800 Hektar Weinbergfläche sind 5364 Hektar mit dieser edlen Rebsorte bepflanzt.

Nach der Französischen Revolution brachte die Enteignung kirchlicher Güter das Ende des klösterlichen Weinbaus. Zugleich entstand eine frühe Form des Weintourismus: Englische Künstler ließen sich von der dramatischen Landschaft und den edlen Weinen an die Mosel locken, unter ihnen einer der bedeutendsten romantischen Maler: William Turner. Hier schuf er etliche Aquarelle und Gouachen, die heute in der National Gallery in London zu sehen sind. Auch Goethe beschrieb die Gegend in seinen Werken.

Fortschritt und Erbe
Nach dem Zweiten Weltkrieg sorgten die große Nachfrage nach fruchtigen Weißweinen und die Ausdehnung des Weinbaus in flache Tallagen für eine gewaltige Steigerung der Weinproduktion an der Mosel – mitunter auf Kosten der Qualität. Die Rebfläche wuchs von 7500 Hektar Ende der 1950er- auf 12300 Hektar Anfang der 1990er-Jahre.

Heute besinnt sich eine neue Winzergeneration wieder auf die ursprünglichen Stärken der Region: Lange Zeit nicht genutzte Steilhänge werden mit Riesling bestockt und in Handarbeit gepflegt. Die internationale Ausbildung der ehrgeizigen Jungwinzer und die charakteristische Kombination aus Schiefergestein, Mikroklima und Rebsorte bringen wieder weltweit begehrte mineralische Weine von singulärem Charakter und ausgesprochener Eleganz hervor.

Wir danken für die freundliche Abdruckgenehmigung: Moselwein e.V., Trier

LEBENSZEITEN

ANGELINA Regen, Regen, Regen. Das Jahr 2016 geht als Regenjahr in die Geschichte ein. Eines der nassesten Jahre aller Zeiten. Schon im Frühjahr geht es los, und es zieht sich durch bis zur Lese. Manchmal habe ich Angst, dass Emilia, die von ihrer Umwelt mehr und mehr wahrnimmt, auf die Idee kommen könnte, dass »Regen« das einzige Wetter ist, das es gibt. Im Juni 2015 fallen 17,8 Liter Regen pro Quadratmeter. Im Juni 2016 sind es 108 Liter.

Wenn ich mit Emilia in dieser Zeit vom Wohnhaus hinüber in die Vinothek gehe, um Kunden zu bedienen, dann binde ich sie mir um den Bauch und ziehe den Anorak über die Kleine, damit sie nicht nass wird. Immer wieder kommt es vor, dass Kunden meinen dicken Bauch bemerken und interessiert fragen: »Wann ist es denn so weit?« Dann ziehe ich den Reißverschluss auf und präsentiere lächelnd das Ergebnis: »So schnell kann es gehen.«

Emilia muss vieles mitmachen, und sie macht alles mit. Sie ist ein unkompliziertes und belastbares Kind – gute Voraussetzungen, um einmal Winzerin zu werden, witzeln wir manchmal. Aber es ist nicht ganz ernst gemeint. Natürlich soll sie später selbst entscheiden dürfen, was sie machen möchte.

Als Emilia ein Jahr alt ist, lassen wir sie taufen. Da das relativ spät ist, hat der Priester zunächst Sorge, ob sie alles ruhig über sich ergehen lässt, und staunt anschließend, wie ruhig sie während der Prozedur bleibt. Mit wachen Augen beobachtet sie alles, was am Taufbecken passiert. Uns ist es sehr wichtig, dass Emilia getauft wird. Gerade in den vielen Umbrüchen und Schwierigkeiten der vergangenen Jahre haben wir erlebt, wie gut es tut, im Glauben einen Halt zu haben. Darauf vertrauen zu können, dass da jemand ist, der in allem Auf und Ab des Lebens den Überblick behält. Am ehesten spüre ich Gott, wenn ich oben auf dem Calmont stehe und über die Berge und die Landschaft blicke. Mehr noch als in jeder Kirche. Und natürlich, wenn ich mit Emilia und Kilian zusammen bin.

So wie wir einander vertrauen, vertrauen wir auch auf das Leben und auf Gott. Ich sage häufig Danke. Natürlich für die großen Dinge wie unsere Hochzeit oder die Geburt von Emilia, aber auch für die kleinen: Wenn die Weinlese geschafft ist oder ein Unglück doch nicht so schlimm ausgefallen ist, wie wir zunächst befürchtet haben.

Ich glaube einfach, dass es neben dem Sichtbaren auch etwas gibt, was uns hält, wenn wir stolpern. Da bin ich sicher. Nur damals, als Uli so plötzlich gestorben ist, habe ich mich gefragt, ob Gott vielleicht doch einen

Fehler gemacht hat. Manche Dinge sind nun mal nicht zu verstehen.

Andererseits haben wir es irgendwie immer geschafft, trotzdem weiterzumachen. Vielleicht kommt das auch von Gott? Der Mut, nach vorne zu blicken und die Schwierigkeiten anzugehen, die das Leben einem in den Weg stellt? Ich glaube, Gott hat uns in den letzten acht Jahren zwar sehr viel genommen, aber auch unfassbar viel gegeben. Und das ist ja auch Glaube: Es hat jemand seine Hand über uns gehalten.

*

Nach der Taufe machen wir eine große Feier mit der ganzen Familie und den engen Freunden: mit Partyzelt, Catering und einer Torte, die doppelt so groß ist wie unsere Kleine.

Für die Trauben aus Emilias Geburtsjahr hat Kilian eine ganz besondere Idee: Er möchte einen Wein anbieten, den es in unserem Sortiment, das für seine trockenen Weine bekannt ist, so noch nicht gibt: einen lieblichen, leichten Wein mit einem höheren Zuckeranteil als üblich. »Bremmer Calmont Kabinett« nennt er seine Kreation.

Ich bin skeptisch. Ein lieblicher Wein in einem Sortiment, das für seine trockenen Erzeugnisse bekannt ist? Aber Kilian setzt sich durch – zum Glück. Das »Moselkabinettchen« wird ein voller Erfolg. Von den 2600 Flaschen, die wir abgefüllt haben, ist nach vier Wochen nahezu nichts mehr übrig. Einige Flaschen halten wir aber zurück. Die sind für Emilia, damit sie später einmal Wein aus ihrem Geburtsjahrgang trinken kann.

*

KILIAN Erfreut stellen wir fest, dass unsere Weine nicht nur national, sondern auch international immer bekannter werden. Die Auszeichnungen, die wir erhalten haben – insbesondere die drei Trauben im Gault-Millau –, tragen natürlich ihren Teil dazu bei und öffnen uns Türen in Ländern, die wir vorher kaum auf dem Schirm hatten. Es beginnt mit Dänemark, Großbritannien und den USA, später folgen Finnland, Italien, Österreich, die Schweiz, die Niederlande, Belgien, Korea und Taiwan. Es ist kaum zu fassen, wo unser Wein inzwischen überall nachgefragt wird. Natürlich laufen nicht alle Kontakte direkt über unseren Schreibtisch, sondern über große Weinhändler, die unsere Erzeugnisse international anbieten.

So schön die Erfolge sind, die sich nun einstellen, merken wir auch, dass es immer mehr wird, worum wir uns kümmern müssen. All die verschiedenen Baustellen, an denen wir gleichzeitig tätig sind, kosten uns viel Kraft. Daneben wollen wir auch genügend Freiräume haben, um uns gut um Emilia zu kümmern. Aber die Zeit, die wir nur ihr allein widmen können, ist leider stark begrenzt. Eine Woche Ostseeurlaub, die wir uns im Sommer gönnen, ist viel zu schnell vorbei. So schön der Urlaub ist – der Wind um die Nase, Strandspaziergänge, die unglaublichen Sonnenuntergänge über dem Meer, die Steilküsten, leckeres Essen, das wir nicht selbst zubereiten müssen, die romantischen Küstenstädtchen –, zeigt er mir doch auch, was mir im normalen Alltag fehlt: Zeit für meine Familie zu haben. Und natürlich reicht eine Woche nicht, um all das nachzuholen, was ich in den vergangenen Monaten verpasst habe. Ich erwische mich bei dem Gedanken, dass ich mir das Vatersein so nicht vorgestellt habe. Aber bevor ich dieser Spur nachgehen und überlegen kann, was ich verändern muss, hat mich das Hamsterrad des Alltags wieder. Zurück bleibt eine Sehnsucht, der nachzugehen mir aber nicht wirklich gelingt. Nach dem Urlaub dauert es nicht mehr lange, und die Lese steht an. Der Dauerregen sorgt dafür, dass die Helfer mehrmals am Tag die Kleidung wechseln müssen. Ständig sind wir durchweicht. Doch die Mühe lohnt sich: 58 000 Liter sind es nach dem Keltern diesmal – unser bislang ergiebigstes Jahr. Die Erleichterung ist groß.

*

ANGELINA   In den vergangenen Monaten haben wir es kaum geschafft, uns einmal in Ruhe in die Augen zu sehen. Und Emilia auch nicht. Sie läuft überall mit, ist immer dabei, aber eigentlich bekommt sie viel zu wenig Raum. Wieder richtig bewusst wird uns das, als wir uns nach der Lese für ein paar Tage in einem Ferienhaus in der Eifel einmieten. Eigentlich verbringen wir die Zeit nur damit, unserer Tochter zuzuschauen, wie sie den Tag verbringt. An ihr zu schnuppern, sie zu liebkosen und ihr all die Aufmerksamkeit zu schenken, die wir ihr in den vergangenen Wochen nicht geben konnten. Wir atmen tief durch, und es wird uns immer klarer, dass sich bald etwas ändern muss.

Ab jetzt wollen wir uns mehr Zeit für die Familie nehmen. Denn uns ist klar: Von alleine wird sich nichts ändern. Wir beginnen damit, an den Sonntagen die Vinothek zu schließen. Und auch an anderen Stellen versuchen wir, eine bessere Balance zwischen Arbeit und Entspannung zu finden.

Ich müsste lügen, um zu behaupten, dass es uns immer gelingt. Wer mit und in der Natur arbeitet, hat keine geregelten Arbeitszeiten. Vieles ist schlichtweg nicht planbar. Die Natur gibt vor, was wann zu tun ist, und sie schert sich nicht darum, ob man gerade etwas anderes vorhat. Immer wieder erlebt man Überraschungen – gute wie schlechte. Und doch merken wir, dass es uns nach und nach gelingt, mehr Zeit füreinander zu haben, wenn wir uns diese bewusst einplanen.

KILIAN Aus unseren Überlegungen, wie wir besser mit unserer Zeit umgehen können, entsteht die Idee, einen Wein zu kreieren, der genau das zum Thema hat: Zeit. Für das Etikett hält Angelina fest, was uns beschäftigt:

»Zeit ist etwas Wertvolles. Meistens lernt man dieses Geschenk erst zu schätzen, wenn man es nicht mehr hat. Oder wenn man sich zwischen Bergen voller Arbeit ein klein wenig davon freischaufeln muss. ... Seitdem wir Eltern sind, wissen wir, was das Besondere an Zeit ist. Es ist ein vollkommener Moment, in dem nichts anderes zählt als das Hier und Jetzt. Eine Handvoll Zeit ist es, was man braucht, um durchatmen zu können. Um Kraft zu tanken. Und um dorthin zurückzufinden, wo man eigentlich herkommt.«

Es ist beinahe lustig, dass ausgerechnet dieser Wein sich tatsächlich Zeit nimmt, bis er endlich zu Potte kommt. Die meisten Weine spielen bei der Spontangärung gut mit und sind zum Frühjahr oder zum Sommer fertig. Aber bei diesem Fass läuft es anders. Während ansonsten im Keller längst völlige Ruhe herrscht, gluckert dieser Wein immer noch widerspenstig vor sich hin. Er passt sich nicht an und bockt herum, braucht viel länger als eigentlich üblich. Am Ende sind es 23 Monate. Andere hätten den ganzen Gärungsprozess vielleicht längst abgebrochen und den Wein, der nicht fertig werden will, als eine Art totes Kapital betrachtet. Wir lassen ihn gewähren. Und die Geduld lohnt sich. Es entsteht ein Riesling, wie er sein muss: sehr kräftig und sehr rund. Der Geschmack kommt bei den Kunden an, mehr noch: Viele sind beeindruckt von diesem besonderen Tropfen.

Solch ein besonderer Wein bekommt natürlich auch ein besonderes Etikett: Das Foto des Calmont von vor 100 Jahren, das ich auf Papas Schreibtisch gefunden habe und seither in meinem Portemonnaie mit mir herumtrage.

KAPUTTGEFROREN

KILIAN Eigentlich sagt man, dass es im Calmont nur alle 100 Jahre richtig Frost gibt. Keine Ahnung, ob es wirklich schon so lange her ist – jetzt ist es jedenfalls so weit. Mitte April 2017 zeigt das Thermometer minus 2,5 Grad. Das vertragen die frisch ausgetriebenen Trauben nicht. Andere Winzer können in einer solchen Situation rasch Maßnahmen ergreifen: Feuer zwischen den Reben machen, Wärmefackeln anzünden oder mit Ventilatoren durch die Weinberge fahren, um die kalte Luft zwischen den Zeilen hinauszudrücken und warme nachfließen zu lassen. Leider ist all das in einem steilen Weinberg wie dem Calmont nicht möglich. Uns bleibt nichts anderes übrig, als zuzusehen, abzuwarten und zu hoffen, dass die Katastrophe nicht eintritt.

Als der Höhepunkt der Frostperiode erreicht und die kälteste Nacht vorüber ist, fahren wir in den Weinberg, um den Schaden zu betrachten. Viele der vorher grünen und saftigen Blätter sind dunkel und runzelig. Der Frost wird uns ein Drittel unserer Ernte kosten. Auch sonst ist die Lage gerade wieder einmal alles andere als einfach. Denn wir müssen eine riesige Trockenmauer neu aufbauen, um den abrutschenden Berghang zu befestigen. Sieben mal zwei Meter ist sie groß – die größte Trockenmauer, die wir bisher errichtet haben. Das Ganze ist eine unglaubliche Schufterei. Drei Helfer und ich brauchen sechs komplette Wochen, um die Mauer fertigzustellen. Am Ende wird es ein monumentales Prachtstück, auf das wir sehr stolz sind.

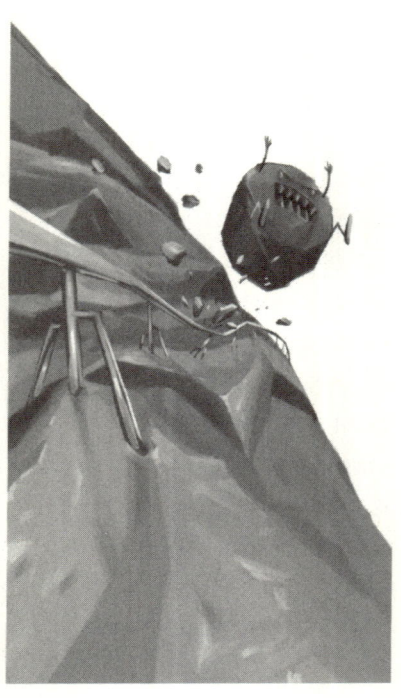

Es gibt Dinge, auf die ist Verlass. Wie zum Beispiel auf die Monorack-Bahn, die regelmäßig einmal im Jahr kaputtgeht und uns ein ordentliches Loch in die Kasse reißt. Auch diesmal sind es große Felsbrocken, die auf den Weinberg fallen und dabei die Schienen zerstören. Was das Problem verschlimmert: Wochenlang hat der Techniker keine Zeit, den Schaden zu beheben. Und so bleibt uns nichts anderes übrig, als die ganze Arbeit im Berg nur mit unserer Muskelkraft zu erledigen. Schritt für Schritt schleppen wir die Ausrüstung den Hang hinauf, Spitzhacken, Pflöcke, schwere Hämmer, Drahtrollen.

Im Mai feiern wir ein ganz besonderes Fest: Ich werde 30. Und weil mein Onkel Karl-Heinz nur einen Tag nach mir 70 wird, feiern wir einfach gemeinsam den 100. So richtig begeistert sind wir am Anfang nicht von der Idee, aber Rita – die Frau von Karl-Heinz – und Angelina lassen keine Widerrede zu. Dafür finden sie den Gedanken einfach zu gut. Und im Nachhinein bin ich ihnen dafür sehr dankbar.

Es ist einer der heißesten Tage im Mai 2017. 120 Leute kommen, und es wird die schönste Feier, die man sich denken kann. Dazu trägt auch der ungewöhnliche Ort bei, an dem das Fest stattfindet: das Kloster Stuben. Die alte Ruine liegt mitten in einer unserer wenigen Flachlagen. Eigentlich steht nur noch ein Rest des Kirchenschiffs. Das Dach und die vordere Wand sind längst verfallen. In das imposante Kirchenschiff wurden eine Beleuchtung eingebaut sowie eine flexible Überdachung. Es gibt dort Open-Air-Konzerte, Feste, Führungen und vieles mehr. Jedenfalls hat die Klosterruine eine ganz besondere Aura, eine imposante und zugleich entspannte Atmosphäre. An diesem Abend scheint es, als ob die große Ruhe auf die Gäste ausstrahle.

Als ich meinen Blick über all die Menschen schweifen lasse, die extra meinetwegen gekommen sind, wird mir bewusst, was für ein Glück ich im Leben habe. Meine Familie mit Angelina und der kleinen Emilia, meine Freunde und Verwandten, und natürlich das Weingut.

Während ich die hohen Wände der Klosteranlage betrachte, denke ich an früher. Als Kind war ich öfter hier. Damals konnte man nicht hineingehen, weil der Eingang durch die vielen Moselhochwasser komplett versandet war. Niemand hatte sich die Mühe gemacht, ihn wieder freizuräumen. Die Ruine selbst verfiel immer mehr. Viele Weinbauern der Gegend sind damals hierhergekommen, um Steine zu holen, die sie in ihren Trockenmauern verbauen konnten.

Papa hat immer das Herz geblutet, wenn er die alte Klosteranlage gesehen hat. Es war ihm ein großes Anliegen, dass die wunderschöne Ruine aus ihrem Dornröschenschlaf geholt, restauriert und wieder nutzbar gemacht wird. Und tatsächlich haben sich die Landesdenkmalpflege und die umliegenden Gemeinden dieses Wunsches angenommen. Dass wir heute hier feiern können, ist wie so vieles andere ebenfalls Papas Verdienst.

Wie sehr wünsche ich mir, er und Mama könnten auch hier sein.

WO IST DER OPA?

ANGELINA Emilia ist unglaublich interessiert an allem. Die Kleine entwickelt sich ganz und gar nicht zu einem typischen Mädchen mit rosa Tüllkleidern und Püppchen. Sie steht auf Traktoren, Autos, Gabelstapler und Papas Legosteine. Schon sehr früh beginnt sie damit, die berühmten »Warum«-Fragen zu stellen. In einem Buch habe ich gelesen, dass es den meisten Kindern dabei gar nicht unbedingt um Antworten und Erklärungen geht, sondern dass sie einfach nur die Aufmerksamkeit der Eltern haben und ihre Stimme hören wollen. Aber ich bin sicher: Emilia sind die Fragen, die sie stellt, wirklich wichtig. Noch tagelang denkt sie über alles nach, was ich ihr erkläre, und sie ruht nicht, bis sie Antworten bekommt.

»Wo kommen die Tierbabys her?«, fragt sie mich einmal.

»Das ist unterschiedlich«, erkläre ich ihr. »Bei den Säugetieren kommen die Babys aus dem Bauch der Mutter. Andere schlüpfen aus Eiern. Da legt die Mama für jedes Baby ein Ei, setzt sich eine Weile drauf, brütet es aus – und irgendwann schlüpfen die Babys.«

Als wir am nächsten Tag spazieren gehen und an einem Teich stehen, zeige ich auf den Froschlaich im Wasser und erkläre Emilia, dass da die kleinen Frösche drin sind. Das arbeitet in Emilia zwei Tage lang. Dann sagt sie: »Die kommen dann aber nicht aus Eiern und auch nicht aus dem Bauch.«

Natürlich versuchen wir Emilia von Anfang an zu vermitteln, dass Winzer sein ein schöner Beruf ist. Warum? Einfach, weil es uns selbst so viel Freude macht!

Die Vorzeichen stehen gut, dass die Nachfolge sich regeln wird: Emilia liebt es, auf Papas Schoß auf dem Traktor zu fahren. Und in der Monorack-Bahn fährt sie mit uns den steilen Calmont hinauf, als sei es ein Kinderkarussell.

Manchmal findet sie Dinge im Haus, die noch von Kilians Eltern stammen. Einmal hält sie die Legofigur vom Sims in der Hand, die Kilian mal für eine gute Note bekommen hat. »Was ist das?«, hat sie gefragt.

»Das ist ein Legoindianer, den der Papa mal von seinem Papa bekommen hat, deinem Opa«, erkläre ich ihr.

»Wo ist der Opa?«

Ich deute zur Decke und sage: »Der Opa ist oben im Himmel bei den Engeln.«

»Was sind Engel?«

»Das sind so wunderbare, süße Wesen wie du. Du bist unser Engel.«

KILIAN Es ist uns wichtig, Emilia ihre Wurzeln zu zeigen. Zu ihrem dritten Weihnachtsfest haben wir ihr einen Adventskalender gebastelt, wie ich ihn auch früher von Mama bekommen habe. 24 Pappröhren hat sie auf einen Karton geklebt und mit Wasserfarben und goldfarbenen Foliendächern in ein kleines Dorf verwandelt. Wenn Emilia die Dächer der Häuschen abnimmt, findet sie darunter eine Süßigkeit. Während ich sie dabei beobachte, wie sie die richtige Nummer sucht, beschleicht mich ein melancholisches Gefühl, eine Mischung aus Wärme und Wehmut.

Emilia teilt auch meine Leidenschaft für Lego. Als wir das Haus umgebaut haben, haben wir unter dem Dach ein eigenes Legozimmer eingerichtet. Darin befinden sich alle Legosteine, die ich jemals von meinen Eltern bekommen habe. Und so wie Papa früher für uns tagelang die großartigsten Konstruktionen gebaut hat, liegen Emilia und ich heute oft stundenlang auf dem Boden und bauen – Ritterburgen und Flughäfen und Raumstationen.

Wir versuchen, der Kleinen so viel Zeit wie möglich zu widmen. Und doch wissen wir, dass das Leben auf dem Weingut für sie auch Einschnitte mit sich bringt. Nicht immer gelingt es uns, uns die nötige Zeit für sie zu nehmen.

ANGELINA Wenn wir Emilia fragen, was sie später mal werden will, antwortet sie natürlich »Winzerin«. Dann lachen wir und freuen uns, dass wir ihr die Antwort so gut antrainiert haben. Wenn Besucher oder Journalisten dabei sind, finden die das immer besonders putzig.

Aber manchmal denke ich, dass Emilia schon sehr viel mehr von dem Beruf verstanden hat, als wir glauben. Kürzlich hat ein Journalist, nachdem sie wieder mal ihren Berufswunsch geäußert hat, sie gefragt, was man denn als Winzer so machen muss. Und ihre Antwort hat mich echt erstaunt: »Man muss Trauben ernten und Wein machen, muss mit Leuten reden und Pakete verschicken, muss Reben schneiden, auch wenn es dabei manchmal ziemlich kalt ist. Und man darf Traubensaft trinken und Bahn fahren.«

LIEBESERKLÄRUNG AN DEN WEIN

Was gibt es Schöneres als ein Glas guten Weines? Seine Farbe, sein Aroma – der Kenner weiß es zu schätzen. Er schmeckt, wie sich der Weinstock in den felsigen Hang gekrallt, Wind und Wetter getrotzt hat. Dass es ein guter Boden war, sorgsam kultiviert im Laufe vieler Jahre. All das hat dem Wein Charakter und Kraft verliehen.

Der Kenner sieht, wenn er das Glas gegen das Licht hält und seine leuchtende Farbe betrachtet, wie viel Sonne der Wein in den Steillagen abbekommen hat – weil der Stein die wärmenden Strahlen reflektiert und auf diese Weise die Wirkung nochmals erhöht hat. So etwas kann man nicht machen – es wird, es entwickelt sich auf natürliche Weise.

Wer den Wein mit allen Sinnen probiert, der spürt auch, wie viel Zeit er hatte, zu reifen. Dass es keine Eile gab, ihn schnell auf Flaschen zu ziehen, sondern dass Geduld großgeschrieben wurde.

Unter der Hand des kundigen Winzers ist aus den Trauben, aus Sonne, Wind und Regen etwas Besonderes geworden. Und es ist gut, einem solchen Wein auch einmal eine Liebeserklärung zuteilwerden zu lassen.

WIEDER PIONIERARBEIT

ANGELINA   Auch in diesem Jahr treiben wir den Ausbau des Weinguts weiter voran. Endlich können wir eine neue Weinpresse anschaffen. Weil das Modell, das wir haben wollen, zu groß für das Kelterhaus ist, decken wir kurzerhand das Dach ab und stocken das Gebäude auf.

Auch der Hof wird komplett saniert. Vieles ist in den vergangenen Jahren liegen geblieben, und es wird Zeit, die Dinge so zu gestalten, dass die Besucher sehen, dass hier ein Generationenwechsel stattgefunden hat. Besonders stolz bin ich auf die »Bretterbude in schick«, wie ich das offene Häuschen im Designerstil nenne, das wir auf dem Hof platzieren. Eine extravagante Konstruktion, in der unsere Gäste und Besucher sitzen und unseren Wein genießen können.

Der Betrieb wächst und wächst. Mit 6,5 Hektar Weinbergfläche haben wir das Weingut 2010 übernommen. Jetzt, acht Jahre später, hat es eine Anbaufläche von 10,1 Hektar. 60 000 bis 70 000 Flaschen Wein und Sekt sind es, die wir jährlich produzieren. 90 Prozent davon sind

Riesling, fünf Prozent Burgunder und fünf Prozent Elbling – und 100 Prozent davon sind Handarbeit.

Uli hat die ganze Arbeit auf dem Gut noch weitgehend alleine bewältigt, teilweise unterstützt von Freunden, Familie und Saisonarbeitern, die ihm bei der Lese geholfen haben. Heute beschäftigen wir zwei Voll- und zwei Teilzeitkräfte, die uns unterstützen, wo es nur geht. Und natürlich hilft auch meine Mama kräftig mit. Ohne dieses Team an unserer Seite würde hier nichts funktionieren. Was mich wirklich begeistert: Jeder identifiziert sich zu 100 Prozent mit seiner Arbeit. Keiner hat hier nur irgendeinen Job, sondern jeder lebt seine Berufung.

*

KILIAN Auch wenn das Weingut in den letzten Jahren ordentlich gewachsen ist, kommen doch immer wieder neue Anbauflächen dazu. Diesmal ist es eine Fläche im Neefer Frauenberg. 4500 Quadratmeter ist sie groß und ergänzt die restlichen Lagen perfekt. Als ich das Angebot bekomme, schlage ich gleich zu, ohne lange zu überlegen.

Doch bevor wir dort Trauben ernten können, ist noch viel zu tun. Ein wenig erinnert mich die Plackerei an das, was mein Vater vor fast 20 Jahren geleistet hat. Mit Unkraut überwuchert ist die Fläche nicht, aber ansonsten muss auch hier alles neu gemacht werden. Die Reben stammen schon aus den

8oer-Jahren, sind nicht ausreichend gepflegt worden und stehen auch nicht gut. Also roden wir die Fläche in Handarbeit und holen dabei auch gleich die dicken Felsbrocken aus dem Boden heraus. Eine wahnsinnige Plackerei. Tagelang bin ich anschließend mit meinen Mitarbeitern auf der Fläche unterwegs, um mit Maßband und Schnüren die Bepflanzung zu planen.

Der Frauenberg steht – wenigstens an dieser Stelle – dem Calmont in Sachen Steilheit in nichts nach, und wir müssen große Vorsicht walten lassen. Ein falscher Schritt, eine Unachtsamkeit, und man stürzt 200 Meter in die Tiefe.

Als die Bepflanzungspläne endlich stehen, setzen wir 2102 Reben von Hand in den Boden. »Setzen« klingt einfach. Aber wir sind vier Wochen damit beschäftigt, denn für jeden Weinstock braucht es ein Loch im felsigen Boden.

Von unserem Hof aus kann ich direkt auf das Ergebnis unserer Arbeit schauen. Es ist das Erste, was ich sehe, wenn ich morgens das Haus verlasse, und es macht mich schon ein bisschen stolz, was wir hier vollbracht haben.

Manchmal bleibe ich einen Moment stehen und überlege, was Papa wohl zu alldem sagen würde: der neuen Anbaufläche, dem renovierten Haus, den Um- und Neubauten auf seinem Gut. Hätte er auch alles genauso gemacht?

Ich glaube: ja. Denn unser Tun setzt fort, was er sich damals erträumt hat: Den Calmont als Anbauregion zurückzuerobern. Echten Qualitätswein heranzuziehen und dem Moselwein seinen guten Ruf wiederzugeben. Menschen für einen besonderen Wein zu begeistern. Ja, ich bin sicher: Wenn Papa all das sehen könnte, wäre er stolz. Der Gedanke erfüllt mich mit einer tiefen Zufriedenheit.

AUSGEZEICHNET

ANGELINA   Das Telefon klingelt. Mein Gegenüber stellt sich als Teil der *Falstaff*-Redaktion vor. *Falstaff* ist ein renommiertes Weinmagazin, das einmal im Jahr Winzer in verschiedenen Kategorien auszeichnet: den Winzer des Jahres, den Weinbotschafter des Jahres, das Lebenswerk und den Jungwinzer des Jahres. Es gibt tolle Nachrichten: Wir sind unter den Nominierten. Allerdings rechnen wir nicht wirklich damit, den Preis »Jungwinzer des Jahres« zu gewinnen. Zu stark scheint uns die Konkurrenz zu sein.

Teil der Nominierung ist es, dass wir uns bei der »Küchenparty« des Breidenbacher Hofs in Düsseldorf präsentieren dürfen. Dort versammeln sich zahlreiche Spitzenköche, angeführt von Philipp Ferber, dem renommierten Küchenchef des Hotels, um 400 prominente Gäste zu bekochen. Vom Stardesigner bis zum Fernsehstar – viele, die Rang und Namen haben, sind hier dabei. Jeder der Köche hat eine eigene Kochstation, an welcher auch jeweils ein Winzer steht, dessen Wein zu dem vom Koch zubereiteten Gang gereicht wird.

Für diesen Abend haben wir uns natürlich fein gemacht. Kilian kauft sich extra einen dunkelblauen Anzug – jetzt besitzt er nach dem Hochzeitsanzug noch ein zweites schickes Outfit. Ich trage ein dunkelblaues, ärmelloses Kleid, das ich sehr schick finde. Ein wenig komme ich mir wie eine Prinzessin vor – bis mich einer der anderen Gäste, ein Mann, der auch schon als Juror bei Germany's Next Topmodel in Erscheinung getreten ist, diskret antippt und meint: »Na, na, Schätzchen, ab 20 nicht mehr ärmellos.« Andere hätten sich vielleicht über den Spruch geärgert, ich fand's einfach nur witzig.

Es ist für uns ein aufregender Ausflug in die Welt der Schönen und Berühmten.

*

KILIAN Als wir am nächsten Vormittag aus dem Hotel auschecken wollen, kommt es zu einer komischen Situation. Bei unserer Ankunft hatte ein Concierge um den Autoschlüssel gebeten, um das Fahrzeug für uns einzuparken. Ich fand es seltsam, einem Fremden meinen Autoschlüssel zu geben. Was, wenn der den Wagen irgendwo gegenfährt? Am liebsten hätte ich das Parken selbst übernommen. Aber das ging natürlich nicht.

Jetzt merken wir, dass etwas nicht stimmt. Statt das Auto für uns wie gewünscht vorzufahren, kommt der Concierge mit dem Schlüssel zurück aus der Garage und zieht den Mann an der Rezeption ein paar Meter von uns weg, um ihm leise etwas ins Ohr zu flüstern. Als der Rezeptionist sich zu uns dreht, fragt er nur: »Dürfen wir Sie auf einen Christstollen in unser Restaurant einladen?« Bevor wir dazu kommen, nachzufragen, was denn mit unserem Auto passiert ist, begleitet uns auch schon ein Page ins Restaurant.

Der Christstollen schmeckt richtig gut. Fünf Stücke isst jeder von uns. Aber wir werden langsam unruhig, da wir immer noch nicht erfahren haben, was wirklich los ist. Eines ist klar: Aus irgendeinem Grund ist es nicht möglich, an unseren Wagen heranzukommen. Es gibt ein Problem, das aber anscheinend nicht näher benannt werden darf. Man hat uns beruhigt, dass es keinen Unfall gab und das Auto noch da ist.

Zwei Stunden später taucht der Concierge endlich auf: »Ihr Wagen steht jetzt bereit. Es ist mir wirklich unangenehm, aber er war zugeparkt, und der Fahrer des anderen Wagens hatte seinen Schlüssel mitgenommen. Er befand sich bis eben in einer Nasen-Operation.«

*

ANGELINA Einige Monate nach dieser Kochparty findet im Schlosshotel Hugenpoet, einem Wasserschloss im Essener Stadtteil Kettwig, die große *Falstaff*-Gala statt.

Viele bekannte Gesichter tauchen auf. Aufgeregt sitzen wir inmitten all der feinen Leute, als die Preisverleihung beginnt. Alle Nominierten werden zunächst mit einem kurzen Film vorgestellt.

Einige Tage vor der Preisverleihung ist ein Kamerateam zu uns aufs Weingut gekommen, um den Film zu drehen. Drei Minuten lang ist der Beitrag, in dem uns die Kamera auf dem Weg durch den Calmont begleitet. Mit der Monorack-Bahn fahren wir durch die steilen Hänge, während wir davon erzählen, was unser Leben ausmacht: Wie wir uns entschlossen haben, Winzer zu werden und nicht nur unser privates, sondern auch unser berufliches Leben miteinander zu teilen; von meinem Lieblingstag im Jahr – dem letzten Tag der Weinlese, an dem ich schon morgens gut gelaunt aus dem Bett steige, weil es am Abend endlich geschafft sein wird. Von dem Weg, den wir mit unserem Riesling eingeschlagen haben – und nicht zuletzt von unserer Arbeitsteilung auf dem Gut.

Der Einstieg des Films ist ungewöhnlich. Eigentlich dachten wir, dass die Kamera noch gar nicht läuft, als wir nebeneinanderstehen, Kilian am Ärmel seines Pullovers zupft und lakonisch meint: »Der ist ein bisschen lang«, worauf ich sage: »Ich mag das so!«

In meiner Lieblingsszene erzählt Kilian, dass es für ihn völlig aussichtslos sei, den Betrieb alleine zu führen, »weil ich sehr unorganisiert bin«. Der Film ist natürlich, unverblümt, ein bisschen frech und einfach anders als manche andere Beiträge.

Nachdem alle Bewerber mit einem Filmbeitrag vorgestellt worden sind, kommt der große Moment der Preisverleihung.

»Gewonnen haben …« Und dann sagt die Moderatorin tatsächlich unsere Namen. Kaum hat sie die letzte Silbe ausgesprochen, als mir schon ein Jubelschrei entfährt und ich mich Kilian um den Hals werfe. Während wir beide nach vorne zur Bühne gehen, überlege ich mir, was ich sagen soll.

*

KILIAN Dass Angelina das Sprechen für uns beide übernehmen würde, war jedem klar, der uns etwas besser kennt. Mit ihrer lässigen, natürlichen Art und ihrem Charme hat sie alle Zuhörer begeistert. Ich hätte kein einziges Wort herausbekommen. Als wir vorne auf der Bühne stehen, sagt sie einfach das, was ihr als Erstes durch den Kopf geht: »Wir haben gar nichts vorbereitet. Wir haben ehrlich nicht damit gerechnet, zu gewinnen.«

Gelächter im Publikum – und schon hat sie die Menschen im Saal auf ihrer Seite. Dann erzählt sie, wer wir sind und was uns ausmacht: Dass wir ein kleines Familienweingut in Bremm an der Mosel haben, den Betrieb wegen des Unfalls meines Vaters sehr früh übernehmen mussten und dass unsere Trauben im steilsten Weinberg Europas wachsen. Der

Schluss ihrer kleinen Ansprache ist bei uns inzwischen legendär: »Was gibt es sonst noch über uns zu sagen? Höchstens, dass wir eine Katze haben. Ach ja, und ein Kind!«

Natürlich bricht das Publikum angesichts der ungewollt komischen Reihenfolge wieder in lautes Gelächter aus, und wir können nicht anders, als einfach gelöst mitzulachen.

Nach der Preisverleihung nimmt das Medieninteresse noch mal exorbitant zu.

Wir freuen uns riesig über die viele Aufmerksamkeit, schließlich sind all die Berichte über uns und unser Weingut eine richtig gute Werbung. Papa musste, nachdem er den Calmont rekultiviert hatte, viele Tausend Mark für Anzeigen in auflagenstarken Zeitungen und Magazinen ausgeben, um auf sein besonderes Produkt aufmerksam zu machen – wir bekommen die Bühne umsonst. Ohne dass wir uns großartig darum bemühen, wird unser Name immer bekannter. Ein echtes Geschenk, für das wir sehr dankbar sind.

EPILOG

Ein sehr warmer Abend, besonders für den April. Der Himmel, an dem die Sonne sich anschickt, allmählich unterzugehen, ist wolkenlos. Die Luft duftet nach frischer Erde und gemähtem Gras.

»Emilia, mein Schatz!«, ruft Angelina, geht in die Hocke und breitet die Arme aus, in die ihre Tochter bereitwillig hineinläuft. Angelina drückt ihr einen hörbaren Schmatzer auf die Wange, schaut ihr ins Gesicht, streicht ihr über das blonde, lange Haar und gibt sie wieder frei. Die Kleine freut sich sichtlich, bei ihrer Mama zu sein.

Gerade hat Kilian die Kleine aus dem Kindergarten eingesammelt. Von dort ist er direkt zum Gemüsegarten gefahren, um Angelina abzuholen. Eigentlich will sie nur schnell nach Hause, um zu duschen. Aber Kilian hat andere Pläne. »Tut mir leid, aber erst müssen wir noch mal in den Weinberg!« Hat er was vergessen? Nachfragen beantwortet er gewohnt einsilbig. Aber weil Angelina merkt, dass es ihm wichtig ist, erspart sie sich die Diskussion. Emilia ist schon ganz gespannt, was sie erwartet.

Als sie im Calmont ankommen, bittet Kilian die beiden, sich in die Monorack-Bahn zu setzen. 20 Minuten dauert die Fahrt den Calmont hinauf. 20 Minuten, in denen Emilia ihre Eltern nur für sich hat. Das weiß sie zu nutzen. Munter fragt sie ihre Mutter über die Tiere im Weinberg aus. »Ist das ein Feuersalamander?«, deutet die Kleine auf eine Meise unter einem Rebstock. »Nein, Emilia, das ist ein Vogel. Ein Feuersalamander ist eine Eidechse. Wie ein kleiner Dinosaurier.«

Emilia staunt. »Ein Dinosaurier? Echt?«

»Es gibt hier ganz viele Eidechsen. Außerdem auch Schlangen und Schmetterlinge und ...«, ... und Zippammern, Heuschrecken und noch vieles mehr. Aber das erzählt sie der Kleinen lieber nicht, sonst nimmt die Fragerei gar kein Ende mehr.

Endlich stoppt die Bahn: »So, alles aussteigen!«

Die letzten Schritte gehen sie zu Fuß und kommen zu der Stelle, an der Kilians Vater immer einen Tisch und ein paar Stühle stehen hatte. Der Platz, zu dem er immer wieder mit Kilians Mutter hinaufgefahren ist, um bei einem Gläschen Wein den Sonnenuntergang zu genießen. Irgendwann nach Ulis Tod waren die Möbel plötzlich verschwunden. Wie vom Erdboden verschluckt. Vielleicht wurden sie von einem herabstürzenden Felsen pulverisiert? Kilian weiß es nicht. Seitdem war die Terrasse jedenfalls leer.

Als die Familie den Platz erreicht, versteht Angelina, warum Kilian sie hier heraufgeführt hat: Jetzt stehen hier drei Stühle und ein Tisch, genau wie früher. Auf dem Tisch eine Flasche Wein, eine Flasche Traubensaft, eine Schüssel mit Salat und ein Korb mit geschnittenem Brot; außerdem drei Teller. »Das ist dein Platz«, deutet Kilian auf den Stuhl, vor dem ein Schokoriegel auf dem Teller liegt.

Angelina nimmt Kilian in den Arm. Sie ist sprachlos.

Während sie zusammen essen und den Abend genießen, schaut Kilian sich um. Er liebt es, hier zu sein. Fern vom Alltag, von den Sorgen, von der Arbeit und der Hektik. Hier fühlt er sich seinen Eltern ganz nah.

Zufrieden lässt er den Blick schweifen, die Aussicht ist atemberaubend schön: die Weinberge, das Moselknie mit den bewirtschafteten Flächen auf der Insel in der Mitte und den steilen Hängen drum herum. Kilian ist glücklich an diesem Abend. Und seine Frau und seine Tochter sind es auch.

© Privat

Angelina und Kilian Franzen, Jahrgang 1990 und 1987, waren schon als Jugendliche ein Paar und sind seit 2013 verheiratet. Die beiden begannen gemeinsam das Studium des Weinbaus und der Önologie, bis sie 2010 den Weinberg der Familie Franzen übernahmen. 2015 kam Tochter Emilia auf die Welt. Inzwischen haben sie sich erfolgreich im Weinanbau etabliert: 2018 wurden sie vom Wein- und Lifestyle-Magazin *Falstaff* zum »Newcomer des Jahres« gekürt.

www.weingut-franzen.de

Originalausgabe September 2019
© 2019 bene! Verlag
Ein Imprint der Verlagsgruppe
Droemer Knaur GmbH & Co. KG, München.
Alle Rechte vorbehalten. Das Werk darf – auch teilweise – nur mit
Genehmigung des Verlags wiedergegeben werden.

Text: Michelle Spillner
Lektorat: Nicolas Koch und Stefan Wiesner
Cover- und Innengestaltung: Maike Michel
Illustrationen Cover und Innenteil: Fuenfwerken Design AG
Druck und Bindung: GGP Media GmbH, Pößneck
ISBN 978-3-96340-068-1

5 4 3 2 1